天工 CAD 三维设计实用教程
（2023 版）

上海新迪数字技术有限公司　　组编

主　编　陈志杨
参　编　于长城　任志新　吴海龙
　　　　张振华　姚权乐　房艳松
　　　　俞钱隆　黄文杰　张润祖

机械工业出版社
CHINA MACHINE PRESS

"天工CAD"是一款面向三维产品研发设计的国产三维设计软件，已达到国际主流三维CAD软件产品能力，且易学易用、功能强大。

本书系统地介绍了天工CAD 2023设计软件草图绘制、三维建模、工程图设计、装配体设计等方面的功能，内容讲解由浅入深、循序渐进。本书在介绍软件基本功能的基础上，通过一系列的设计实例介绍了具体的操作步骤，详细清晰、图文并茂，能够指引读者一步步完成模型的创建，使读者可以快速地熟悉软件的功能。

本书适于广大工程技术人员和各大专院校相关专业师生使用，也可作为天工CAD设计软件初学者的参考书。

图书在版编目（CIP）数据

天工CAD三维设计实用教程：2023版 / 上海新迪数字技术有限公司组编；陈志杨主编 . —北京：机械工业出版社，2023.10（2024.8重印）

ISBN 978-7-111-73790-2

Ⅰ . ①天… Ⅱ . ①上… ②陈… Ⅲ . ①计算机辅助设计—应用软件 Ⅳ . ① TP391.72

中国国家版本馆 CIP 数据核字（2023）第 167266 号

机械工业出版社（北京市百万庄大街 22 号 邮政编码 100037）
策划编辑：张雁茹　　　　　　　责任编辑：张雁茹　赵晓峰
责任校对：张亚楠　王　延　　　封面设计：张　静
责任印制：单爱军
北京虎彩文化传播有限公司印刷
2024 年 8 月第 1 版第 3 次印刷
184mm × 260mm · 16.5 印张 · 416 千字
标准书号：ISBN 978-7-111-73790-2
定价：65.00 元

电话服务　　　　　　　　　网络服务
客服电话：010-88361066　机 工 官 网：www.cmpbook.com
　　　　　010-88379833　机 工 官 博：weibo.com/cmp1952
　　　　　010-68326294　金 书 网：www.golden-book.com
封底无防伪标均为盗版　机工教育服务网：www.cmpedu.com

前　言

天工 CAD 2023 设计软件是由上海新迪数字技术有限公司开发的一款国产三维 CAD 软件。天工 CAD 2023 在软件功能、性能方面可媲美国际主流三维 CAD 软件，软件包含特征造型、曲面造型、工程装配、工程图、钣金设计、管路设计、线束设计等常用 CAD 功能模块，各功能模块完整易用，可满足企业产品高效设计的需要。

本书采用通俗易懂、理论结合实例的讲解方式，系统地介绍了天工 CAD 2023 各种命令和工具的使用方法。书中的例子都是常见的工业产品模型，并提供了完整详细的设计步骤，每个步骤都有相应的文字描述和图例，让读者一目了然。

本书主要内容包括：

1）软件介绍及基本操作设置。包括功能模块简介和软件界面环境设置。

2）草图绘制与编辑。介绍二维草图的绘制和编辑方法。

3）三维特征建模。介绍特征建模命令的含义及使用方法。

4）三维建模实例。介绍三维模型的建立过程。

5）参数化建模及模型测量。介绍模型的参数化设计和测量分析。

6）工程图设计。介绍工程图制作常用命令的含义及使用方法。

7）直接建模。介绍直接建模常用命令的含义及使用方法。

8）装配设计。介绍装配设计常用命令的含义及使用方法。

9）细分建模。介绍细分建模常用命令的含义及使用方法。

本书由陈志杨担任主编。具体编写分工如下：陈志杨和于长城负责编写大纲和统稿等工作；第 1 章由任志新编写；第 2 章由俞钱隆编写；第 3 章由房艳松编写；第 4~7 章由姚权乐编写；第 8 章由于长城和吴海龙共同编写；第 9 章和第 11 章由张润祖编写；第 10 章和第 12 章由张振华编写；黄文杰负责本书的校核工作。

由于编者水平有限，书中难免会有疏漏和错误之处，恳请广大读者批评指正。

编　者

扫码看本书视频

目　录

第1章

3D 设计软件介绍

1.1　天工 CAD 2023 功能概述

　　天工 CAD 2023 设计软件是由上海新迪数字技术有限公司开发的三维 CAD 软件,其特点是界面简洁、操作流畅,功能模块完整,稳定且易学易用。天工 CAD 2023 设计软件具有国际主流三维 CAD 设计软件的功能与品质,提供了满足用户需要的丰富、易用的多种造型功能,并与"新迪云库""新迪 3D 云盘"共同搭建支持企业设计研发协同的解决方案。

　　具体来说,天工 CAD 2023 具有以下特点:良好的用户界面,基于 Windows 操作系统开发,界面风格与 Office 系列软件类似,绝大部分功能可以通过鼠标操作完成;进行对象操作时具有自动推理功能;良好的信息提示,可指引用户正确选择下一步操作;引入多种建模的技术,将实体建模、曲面建模、参数化建模、变量化建模与直接建模技术融为一体,以辅助设计为本,灵活高效。

1.2　功能模块简介

　　天工 CAD 2023 支持自顶向下和自底向上的设计方式,建模方式包含顺序建模和直接建模两种,应用对象包括且不限于装备制造业、航空、汽车、仪器仪表、高科技电子等领域,作为国内具备自主知识产权的三维设计软件,其特点是易学易用且功能覆盖完整产品设计流程。目前,天工 CAD 2023 的主要功能模块包含零件设计、装配设计、钣金设计、框架设计、工程参考、曲面设计、焊接设计、线束和管道设计、工程图、产品制造信息(PMI)、爆炸图动画、逆向工程和运动仿真。围绕本教程的内容,主要模块简介如下:

1. 零件设计

　　天工 CAD 2023 包含顺序建模和直接建模两种建模方式。顺序建模以经典的历史特征树的方式,基于特征和变量化的设计工具,可辅助设计人员快速构建产品数据原型。直接建模技术更加灵活高效,减少对特征树的依赖,简化设计和修改的过程,减少因为设计更改导致的参数和特征传递错误,更为关键的是可直接编辑 Catia、UG NX、SolidWorks、Creo、Inventor 等软件产生的 3D 模型,以及 STEP 或 IGES 格式数据,可以有效地保护企业已有的设计数据,减少对国外产品的依赖。

2. 钣金设计

　　天工 CAD 2023 提供了专业高效的钣金设计模块,更好地满足了钣金件的独特要求。与在零件环境中一样,钣金建模过程的第一步也是创建基本特征,然后在此基础上增加特征。基本特征可以是平板特征,也可包含一个或者多个折弯。附加特征可以是平板特征、简单或复杂弯边,以及倒角或倒圆等边缘特征。此外还包括零件环境中的特征命令,如孔、除料、特征阵列与镜像命令。同时还提供了一系列完整的特征,如多种防水拐角、模筋、凹槽、拉伸切口和百叶窗等。通过采用直接建模技术，可以从现有几何图形拖出突出块和凸缘等，从而极大地减少指令使用量，节省产品设计时间。利用成本设计完成钣金成本的分析后，可使用工业标准公式或者自定义程序快速展平钣金件。

3. 框架设计

可以使用框架设计应用程序在装配文档中创建路径段和结构框架。框架设计显示用于创建2D 和 3D 路径段以及用于指定要应用于这些路径段的3D 框架部件类型的其他专用命令。这样就容易构造使用标准结构形状的部件，如方形管件、角和通道。

4. 曲面设计

许多消费产品使用曲面建模技术进行设计的原因在于市场对样式和人体工程学的重视，因此，模型的美感就成为设计过程中的首要关注点和关键因素，产品功能只是次要关注点。天工 CAD 2023 曲面设计模块，可以通过点、曲线和曲面构造实体，该实体包含复杂的曲面结构，并且可以随时进行编辑。使用基于曲面的特征的建模通常是从一个线框开始，根据该线框生成曲面。模型的拓扑由边和曲线驱动。边和面主要以样条为基准。

5. 装配设计

装配是以一种有意义方式定位的零件和子装配的集合。零件可以处于其最终方位，或者可以自由平移和旋转。天工 CAD 2023 装配设计提供对零件进行相互布置和定位所需的工具；支持自上而下和自下而上的装配设计方式；简化了装配设计与零件关系管理，无论是处理几个部件还是成千上万个零件都能得心应手。借助出色的大型装配技术，用户可以实时管理、构建和查看装配，而不会影响性能。利用全面的数字化原型功能可以在生产前构建整个 3D 数字化原型并优化设计。

6. 工程参考

工程参考属于装配模块，基于规则设计下的机械结构，它提供了设计参考，设计师仅需输入参数和设计规则，工程参考即可自动生成计算结果并根据结果生成三维零件，完成装配设计。工程参考包含且不仅限于如齿轮传动、凸轮传动、链轮传动、蜗轮蜗杆、弹簧、轴等结构的生成工具。

7. 工程图

天工 CAD 2023 提供方便的视图表达、视图管理、技术标注、尺寸控制等工具，支持 GB、ISO、BSI、ANSI、DIN、JIS、UNI 等多个标准，使工程师可以建立和维护高质量，同时可以实现和二维数据格式 DXF/DWG 的有效互通。

8. 产品制造信息（PMI）

产品制造信息是一种创新的智能标注，无须将三维模型转换成工程图，就能直观地在三维模型上标注产品的加工信息，如尺寸、表面粗糙度、几何公差等。基于该技术，使得基于三维模型的设计评审更加便捷，尤其是结合新迪 3D 云盘的极速浏览功能。

1.3 基本操作与设置

本节将主要介绍天工 CAD 2023 的界面、基础操作、快捷键、功能区以及常用设置等。了解基础操作可帮助用户快速掌握一款新的工具软件，而常用设置可帮助用户在使用过程中提升效率，规避误区。

1.3.1　启动界面

运行天工 CAD 2023 后，软件启动界面如图 1-1 所示。

图 1-1　软件启动界面

为了方便使用各种命令，天工 CAD 2023 为创建零件、创建装配和创建图纸分别提供了单独的环境，这些环境均具有独立性。例如，创建图纸所需的所有命令都集中在工程图环境中。这些环境高度集成，因此用户在设计期间可在其中方便地转换。天工 CAD 2023 新建文件将调用不同的模板，该部分模板支持自定义，默认的存储位置为安装盘符 :\Program Files\NDS\TianGong 2023\Template，对于企业级用户而言，需根据企业需要，制作符合企业标准的统一模板。以 GB 为例，天工 CAD 2023 常见模板类型有五种：零件模板（GB 公制零件 .par）、装配模板（GB 公制装配 .asm）、钣金模板（GB 公制钣金 .psm）、焊接模板（GB 公制焊接 .asm）和工程图模板（GB 公制工程图 .dft），如图 1-2 所示。用户可根据实际工作需要，选择对应模板创建文件，或者根据企业的标准自定义各种模板。

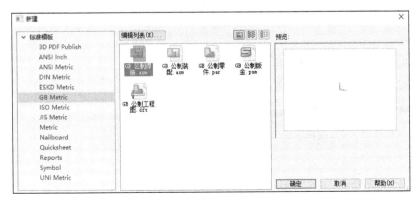

图 1-2　天工 CAD 2023 选择模板界面

1.3.2　软件界面

天工 CAD 2023 作为基于 Windows 平台开发的产品，整体界面兼容了 Windows 的风格和操作方法，主题色调为浅色，支持自定义。以部件环境为例，天工 CAD 2023 工作界面如图 1-3 所示。

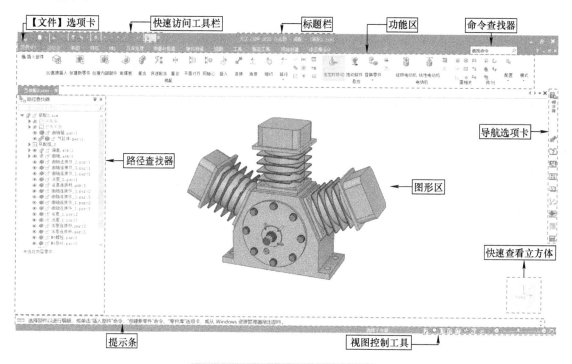

图 1-3　天工 CAD 2023 工作界面

● 【文件】选项卡：通过该选项卡可访问天工 CAD 2023 的大部分功能命令，可实现所有文档级别功能，如新建、打开、打印、设置、工具等内容。

● 快速访问工具栏：用于访问常用的命令，默认包含新建、打开、保存、另存为、撤销、重做等命令，用户可根据实际需要定制快速访问工具栏包含的命令，如图 1-4 所示。

图 1-4　快速访问工具栏

● 标题栏：显示当前的软件版本以及当前窗口模型文件名称。

● 命令查找器：若要快速查找命令，则使用状态栏中的命令查找器。可以按命令名称或功能搜索命令，该命令查找器位于软件的右上方，如图 1-5 所示。

图 1-5　命令查找器

输入术语"拉伸"并单击搜索图标ρ，弹出的【命令查找器】对话框中将显示包含搜索术语的结果，如图 1-6 所示。对于可用的命令，用户可以使用【命令查找器】对话框中显示的结果，包括定位用户界面中的命令、阅读相关帮助主题和运行命令。

● 功能区：包含所有应用程序命令的区域。如图 1-7 所示，这些命令以选项卡为单位并按功能分组。有些选项卡只有在特定的上下文中才可使用。用户可以根据自己的设计偏好，自定义或创建功能选项卡的内容，将常用的命令按钮放置在自定义的选项卡中，如图 1-8 所示。

● 提示条：提示条是一个可滚动、可移动的停靠窗口，其中显示与被选命令相关的提示和消息。提示条的默认位置在图形窗口的正下方，用户可以更改它的位置或者将其关闭，如图 1-9 所示。

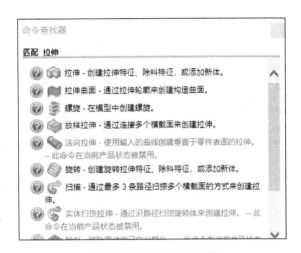

图 1-6 命令查找器结果

图 1-7 功能区示例

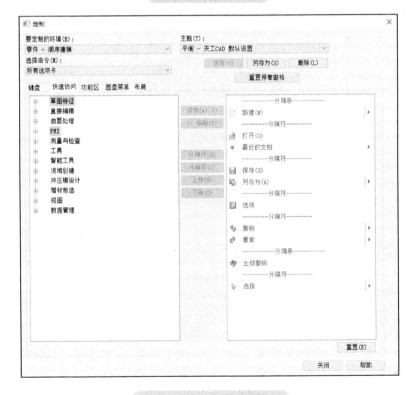

图 1-8 快速访问定制界面

单击草图命令以创建将用作"实体"命令的输入的草图，或单击"实体"命令创建基本特征。

图 1-9　提示条

● **路径查找器**：以树的形式显示模型的结构，罗列出活动零件文件中的特征及相关元素，活动部件中的装配结构。默认放置在图形区的左上角，支持自由拖动，并可拖拽放置在软件之外的区域，如图 1-10 所示。将光标移动至树状结构中的特征，特征将自动高亮显示，并将对应的模型结构部分高亮显示；对应装配模型，将高亮显示对应的零件模型，如图 1-11 所示。

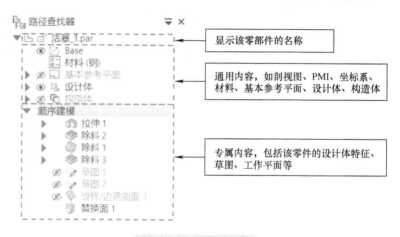

图 1-10　路径查找器

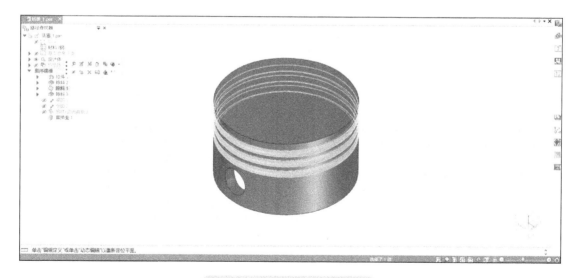

图 1-11　路径查找器与图形区

● **导航选项卡**：导航选项卡包含多个页面选项，常用的有特征库、零件族、工程参考、特征回放、样式板、图层等内容，用户可以根据需要打开、关闭或设置停靠位置，也可设置自动隐藏。设置显示的方式为：单击【视图】选项卡，从【窗格】下拉菜单中选择对应的功能，如图 1-12 所示。导航选项卡示例如图 1-13 所示。

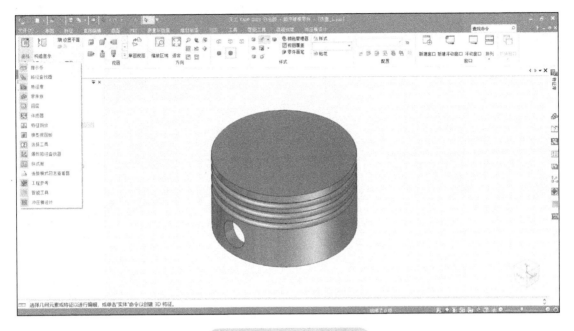

图 1-12　【窗格】下拉菜单

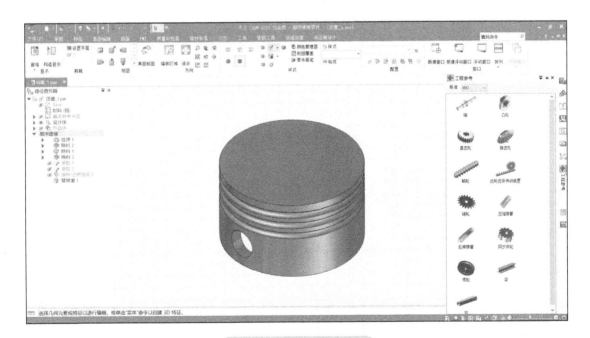

图 1-13　导航选项卡示例

● **图形区**：显示与 3D 模型文档或者 2D 图纸关联的图形。默认为白色背景，为获得更好的显示效果，用户可更改背景颜色，具体操作如下：在图形区右击并选择【背景】→【视图覆盖】，或者在【视图】选项卡的【样式】区域单击【视图覆盖】⊠，在弹出的【视图覆盖】对话框中，单击【背景】选项卡，选择【实体】，从颜色列表中选择颜色，如图 1-14 所示。

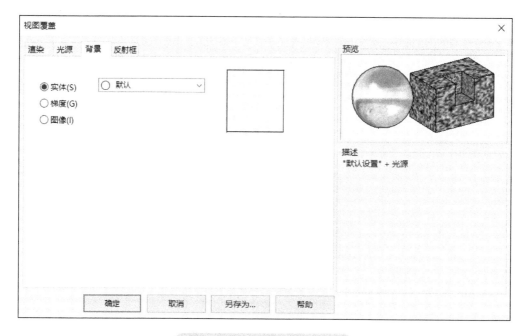

图 1-14　图形区背景颜色设置

视图样式会存储在每个文件中。若要使创建的每个新文件都使用首选视图覆盖，则应编辑所用模板的视图样式。

● **快速查看立方体**：快速查看立方体控件如图 1-15 所示，可通过选择立方体上的特定位置来旋转视图。快速查看立方体功能说明见表 1-1。

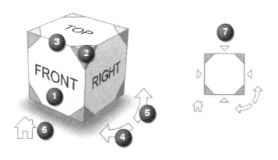

图 1-15　快速查看立方体控件

表 1-1　快速查看立方体功能说明

图示序号	功能说明
1	面——选择任意面，模型将会旋转以显示该视图
2	正等测视图
3	边——将视图旋转至共享所选边的两个面的 45° 视图
4	顺时针旋转
5	逆时针旋转
6	回零——旋转至标准正等测视图
7	标准正交视图——基于所选拐角的面，旋转至相应的正交视图

快速查看立方体默认自动显示，若要关闭，则需在【视图】选项卡下单击【快速查看立方体设置】🔧，在弹出的【快速查看立方体设置】对话框中，取消勾选【在窗口中显示快速查看立方体】复选框，如图 1-16 所示。

● **视图控制工具：**显示与应用程序本身相关的消息。用于快速访问的视图控制命令有缩放、适合窗口、平移、旋转、视图样式等，如图 1-17 所示。

常见视图快捷键见表 1-2。

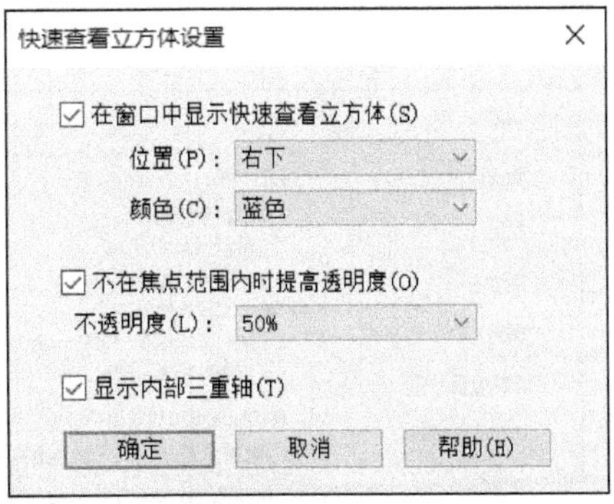

图 1-16　【快速查看立方体设置】对话框

图 1-17　视图控制工具

表 1-2　常见视图快捷键

查看视图	所使用快捷键
俯视图	<Ctrl+T>
前视图	<Ctrl+F>
右视图	<Ctrl+R>
仰视图	<Ctrl+B>
后视图	<Ctrl+K>
左视图	<Ctrl+L>
正等测视图	<Ctrl+I>
斜二测视图	<Ctrl+J>
正三测视图	<Ctrl+M>
当前锁定的草图平面或命令平面	<Ctrl+H>

1.3.3　环境设置

在使用天工 CAD 2023 进行零件或钣金件设计时，天工 CAD 2023 提供顺序建模和直接建模两种建模技术。传统的顺序建模是基于草图的特征建模，特征有序且存在关联；直接建模是直接以实体为基础的设计、建模、造型，不必考虑前后的基础顺序，典型的特点是约束从草图级提升到实体级，即可直接在实体上给诸如面一类的结构添加约束。传统的顺序建模技术运行在市面上几乎所有的 CAD 软件里，因此，本书重点将以传统的顺序建模技术为例进行讲解。建议按照如下步骤将环境设置为顺序建模环境。

打开【文件】选项卡，单击【设置】→【选项】→【助手】，选择【顺序建模】，如图 1-18 所示，完成顺序建模设置。或者在新建零件或钣金文档时选择相对应的建模方式，用户也可以将其设置成默认不再提示，如图 1-19 所示。

图 1-18　顺序建模设置

图 1-19　顺序建模为默认

　　天工 CAD 2023 的选项对于不同的模板，可控制内容不同，如零件环境与图纸环境，选项除了通用的，还有各自专属的内容。

1.3.4 鼠标操作

天工 CAD 2023 中鼠标操作非常灵活，对鼠标操作的掌握程度直接关系到建模的效率。鼠标功能说明见表 1-3。

表 1-3 鼠标功能说明

鼠标按键	功能说明
鼠标左键（MB1）	• 单击：选择元素 • 框选 / 栏选：拖动围栏选择多个元素（框选：由左向右，全部包含在框选范围内的元素被选中；栏选：由右向左，所有涉及的元素都会被选中） • 拖动：选择元素，按住左键可拖动 • 选择菜单或者命令 • 确定特征方向或者距离 • 拖动特征项，调整特征建模的顺序 • 双击：激活特征对应的编辑菜单工具条
鼠标右键（MB3）	• 显示当前选择元素的快捷菜单 • 单击：确认当前操作 • 中断当前已激活的设计命令，且不退出当前命令 • <Ctrl> 键 + 鼠标右键：缩放模型 • <Shift+Ctrl> 键 + 鼠标右键：平移模型 • 光标悬停（时间可设置），单击后可弹出【快速选取】对话框
鼠标中键（MB2）	• 单击：结束当前命令 • 双击：适合视图，即全部显示当前模型 • 按住鼠标滚轮，可旋转模型 • 滚动鼠标滚轮，可缩放模型

1.3.5 快捷键

在天工 CAD 2023 中可以定制键盘快捷键以更高效地执行任务，还可以为命令指派新的键盘快捷键，也可以删除现有的键盘快捷键，包括默认快捷键和创建的快捷键。

创建键盘快捷键的流程如下：

1）在快速访问区单击【定制】，打开【定制】对话框，如图 1-20 所示。

2）单击【键盘】选项卡。

3）在【键盘】选项卡下，从【要定制的环境】列表中选择相关环境。

4）从【选择命令】列表中，选择要指派键盘快捷键的命令所属的类别。

注意，快捷键支持功能键 <F2>~<F12> 或者修饰符 + 数字、字母的形式，修饰符包含 <Alt> <Ctrl> <Shift> <Ctrl+Alt> <Ctrl+Shift> <Shift+Alt> <Ctrl+Shift+Alt>。单击【修饰符】字段，然后再单击【键】，输入数字、字母，即可定义快捷键。若要删除快捷键，在【键】字段中单击，然后按 <Delete> 键，快捷键即被移除。暂不支持仅数字或字母的快捷键形式。另外，快捷键可指定生效的环境。

常见快捷键见表 1-4。

图 1-20 【定制】对话框

表 1-4　常见快捷键

命令	快捷键	命令	快捷键
新建	\<Ctrl+N\>	更新全部关系	\<Alt+U\>
打开	\<Ctrl+O\>	撤销	\<Ctrl+Z\>
关闭	\<Ctrl+F4\>	恢复	\<Ctrl+Y\>
保存	\<Ctrl+S\>	复制	\<Ctrl+C\>
打印	\<Ctrl+P\>	粘贴	\<Ctrl+V\>
退出	\<Alt+F4\>	删除	\<Delete\>
刷新	\<F5\>	旋转 X 轴	\< ↑ \>
前一视图	\<Alt+F5\>	旋转 Y 轴	\< → \>
更新关系	\<Ctrl+U\>	旋转 Z 轴	\<Shift+ ← \>

1.3.6　圆盘菜单

圆盘菜单是一种圆形菜单，其命令以圆形方式定位在光标周围。天工 CAD 2023 的圆盘菜单包含内外两层，可支持 16 个命令。不同环境下的圆盘命令各不相同，访问方式为在图形区长按鼠标右键，如图 1-21 所示。

用户可以定制圆盘菜单，以更有效地执行任务。添加或修改圆盘上的命令的方法为，选中需要的功能，将其拖动至任意方框内即可，如图 1-22 所示；移除圆盘包含的命令的方法为，选择含有要移除命令的方框，将其拖动至菜单外围的白色区域即可。

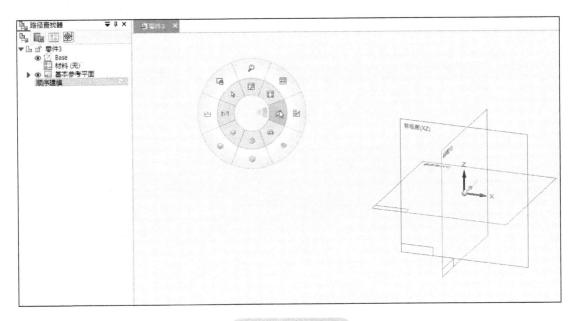

图 1-21　圆盘菜单

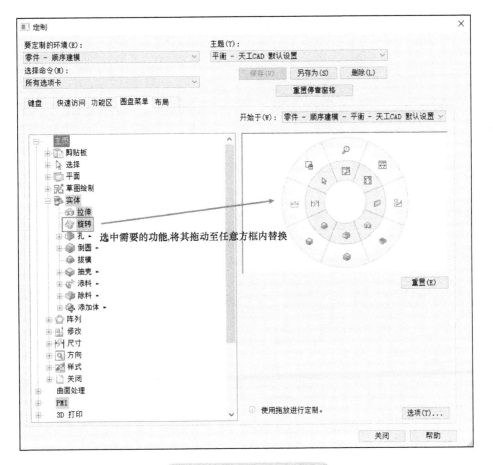

图 1-22　圆盘菜单定制页面

1.3.7　左键菜单

当用鼠标左键单击模型或者路径查找器的特征时，光标上方会出现如图 1-23 所示的左键菜单，其包括编辑定义、编辑轮廓、动态编辑、转至、抑制、删除、重命名等功能。

图 1-23　左键菜单

第2章

草图绘制与编辑

2

2.1 草图环境

草图是创建许多特征的基础，例如创建拉伸、旋转、扫描、放样等特征时，往往需要先绘制特征的截面草图。另外，孔、槽、筋板等特征也需要定义草图。

2.1.1 进入草图环境

在零件、钣金等建模环境中，创建大部分特征时，软件会首先要求创建草图作为生成此特征的基础。而在创建草图时，又需要指定一个参考面作为绘制草图轮廓的平面。只要指定一个参考平面，便可利用【草图绘制】命令进入草图环境中。

若要进入草图环境，则必须选择一个平面作为草图平面，也就是要确定新草图在三维空间的放置位置。它可以是系统默认的三个基准参考平面，即俯视图（XY）、右视图（YZ）和前视图（XZ），如图2-1所示，也可以是模型表面，还可以通过【草图绘制】工具条，创建一个基准平面作为草图平面，如图2-2所示。

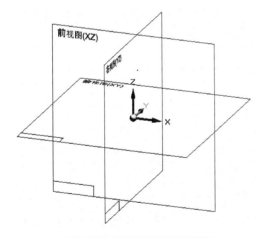

图 2-1　三个基准参考平面　　　　图 2-2　【草图绘制】工具条

在零件环境、钣金环境和装配环境的特征命令选项卡中，都有【草图绘制】✎命令，一般都在选项卡的左侧。本章以零件环境中的【草图绘制】命令为例，说明草图设计的方法和各种相关功能。

按以下方法进入草图环境：

1）进入零件环境（或钣金环境）：启动天工 CAD 2023 后，单击【文件】选项卡，然后单击【新建】→【GB 公制零件 .par】，新建一个模型，软件会自动进入零件环境。

2）单击【草图绘制】 ✐命令。

3）在【草图绘制】工具条中选择【重合平面】。

4）单击主参考面中的任意一个，即可进入草图环境。

2.1.2 草图环境中的关键术语

天工 CAD 2023 软件草图环境中经常使用的关键术语有：

● **图形元素**：简称图元或元素，指截面草图中的任意几何元素，如直线、点、圆弧等。

● **参考图元**：指创建特征截面或轨迹时所参照的图元。

● **尺寸**：图元大小、图元间位置的量度。

● **约束**：定义图元间的位置关系。

2.1.3 草图界面

天工 CAD 2023 的草图设计界面如图 2-3 所示，界面顶部为草图环境中的功能选项卡，分别为文件、草图、测量与检查、视图、工具、智能工具，及相应的功能区域。如图 2-4 所示，工作区中央显示的是另外两个主参考面的投影，可作为绘图的参考基准。

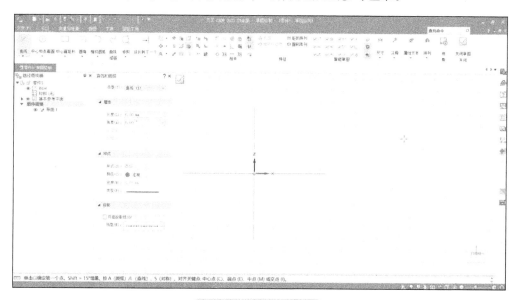

图 2-3　草图设计界面

图 2-4　工作区中央

2.1.4 草图工具按钮介绍

【草图】选项卡中的各种工具按钮如图 2-5 所示。

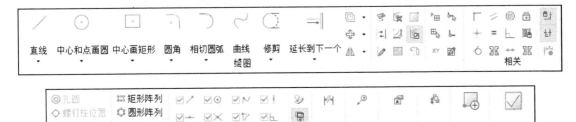

图 2-5 【草图】选项卡中的各种工具按钮

- **绘图**：用于绘制图元，以及对这些图元的编辑工具。
- **相关**：用于控制草图中各个图元之间的几何关系。
- **智能草图**：用于设置绘制草图时是否自动添加几何关系和尺寸，也能设置草图环境中指针的感应范围。
- **尺寸**：添加尺寸约束。
- **关闭**：退出草图环境。

2.2 辅助功能

2.2.1 智能草图

在绘制轮廓或编辑草图时，系统会自动帮助用户捕捉一些其他草图元素上的关键点，光标附近会出现一些反馈信息，包括光标状态、数字反馈等。

在【草图】选项卡中，会显示【智能草图】功能区域，如图 2-6 所示。在此区域中，可设置软件自动捕捉的关键点的类型。例如，当出现 光标时，表示捕捉到已知圆弧或圆的象限点。当认可此自动捕捉关系时，按鼠标左键接受此操作，如果不需要按 <Alt> 键即可取消智能捕捉。

图 2-6 智能草图

单击【智能草图选项】 图标，可进行详细设置。在图 2-7 所示的【关系】选项卡中，可打开或取消这些自动捕捉关系。在图 2-8 所示的【光标】选项卡中，可设置光标捕捉的范围和光标大小，一般采用默认设置即可。

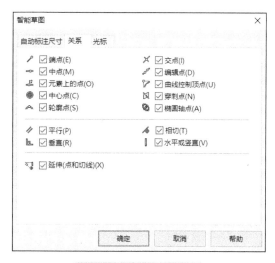

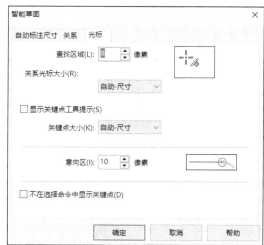

图 2-7 【关系】选项卡　　　　　　　　图 2-8 【光标】选项卡

2.2.2　栅格

在默认设置中，进入草图界面，在绘图区域不会显示栅格，如图 2-3 所示。栅格的作用是在绘制图形时使光标自动捕捉到栅格的交界点，以绘制"规整"的图形。一般会将栅格关闭，如果需要打开栅格，可以单击【显示栅格】⊞图标，图标背景会变成蓝色，表示此开关被打开，此时绘图区域会显示栅格。单击【对齐栅格】图标，图标背景会变成蓝色，表示此开关被打开，此时光标便会自动对齐栅格。

2.2.3　对齐指示

在绘制轮廓或编辑图形的过程中，移动光标时有时会自动出现水平或垂直的虚线光标，表示此时与附近元素上捕捉到的关键点沿水平或垂直方向对齐。图 2-9a 表示绘制的线段的终点与右侧线段的下方端点沿水平方向对齐，图 2-9b 表示绘制的线段的终点与下方线段的左侧端点沿垂直方向对齐。此功能会给用户提供一个绘图指导工具，可使绘图更方便、准确。在天工 CAD 2023 中，对齐指示功能默认是开启的，如果在绘图过程中不需要使用该功能，按住 <Alt> 键即可取消对齐。或在选项卡中单击【对齐指示符】图标，若图标蓝色背景消失即表示已关闭此功能，再单击一次恢复蓝色背景即可开启。

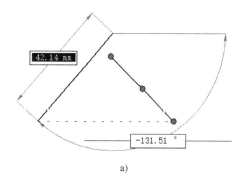

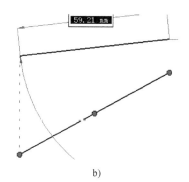

a)　　　　　　　　　　　　　　　　　　b)

图 2-9　对齐指示

2.2.4　选取

进入草图环境后的默认命令为【直线】，按 <Esc> 键会退出【直线】命令，此时工具条上显示的命令为【选取】 ，用于选取各种已创建的元素，然后对这些对象进行修改或编辑等。

可以用以下几种方法选取已绘制的元素：

1）将光标移动到元素上，高亮时单击鼠标左键，即可选取单个元素。

2）按住 <Ctrl> 键或 <Shift> 键，单击多个元素，可一次性选取多个元素。

3）从左向右拖动鼠标，拉出一个紫色矩形框，被完全包围在此矩形框内的元素会被选中。

4）从右向左拖动鼠标，拉出一个边界为虚线的绿色矩形框，与此矩形框有重合（部分或完全）的元素都会被选中。

5）按 <Ctrl+A> 组合键可选中所有元素。

6）按住 <Ctrl> 键或 <Shift> 键，单击已选中的元素，可使该元素取消选中状态。

2.2.5　关系颜色

关系颜色可以表示已绘制的草图元素的约束状态（完全约束或非完全约束）。在选项卡中单击【关系颜色】 图标，若图标有蓝色背景，表示该命令已激活。如图 2-10 所示，黑色的圆表示该圆已被完全约束，无法随意拖动；蓝色的圆为未完全约束的状态，可以随意拖动。

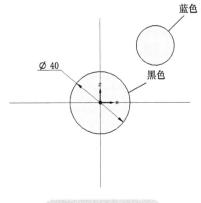

图 2-10　关系颜色

2.3　草图绘制命令

2.3.1　绘制点、线

绘制点和线有三个命令，【直线】和【点】在一个下拉式按钮中，【曲线】为单独的命令按钮。

1. 绘制直线

单击【直线】 ，弹出如图 2-11 所示的工具条。

单击鼠标左键指定线段的起点，然后将光标移动到终点，单击绘制任意位置的线段。若要绘制指定长度和角度的精确线段，有以下两种方法：

1）单击【直线】命令，单击鼠标左键指定线段的起点，在线段旁会出现两个输入框，分别是长度和角度，首先高亮的是长度值，直接用键盘输入需要的长度值，如图 2-12a 所示；然后按 <Tab> 键，高亮的是角度值，用键盘输入需要的角度值，如图 2-12b 所示；最后单击鼠标左键或按 <Enter> 键结束该线段的绘制。

2）单击【直线】命令后，在工具条中先输入长度和角度值，然后单击指定线段起点，该线段会直接完成绘制。

图 2-11　【直线和圆弧】工具条

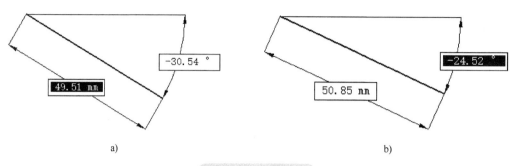

图 2-12　线段绘制

在以上操作中，绘制了一条线段后，如果单击工具条上【类型】选项下的【圆弧】或按键盘上的 <A> 键，则切换到画相切圆弧的状态，画完一条圆弧后，自动回到画直线的状态。画出一段或多段线段后，如果按下 <A> 键，则切换为绘制与线段首尾相接的圆弧的状态，再按下 <L> 键后，回到画直线的状态。单击工具条上的【对称】或按键盘上的 <S> 键，则切换到绘制对称直线的状态，画完对称直线之后，自动回到绘制正常直线的状态。

2. 绘制曲线

【曲线】命令用于绘制样条曲线，至少要有三个点才能绘制曲线。操作方法如下：

1）单击【曲线】 ，用鼠标左键指定至少三个样条曲线的插入点，可看见样条曲线从虚线变为实线。

2）在指定完插入点后，单击鼠标右键结束，生成的样条曲线如图 2-13a 所示。

在以上操作中，若单击工具条上的【封闭曲线】 ○ 图标（图 2-14），该图标背景变为蓝色 ，这时绘制的曲线始终是封闭的，如图 2-13b 所示。软件默认为不封闭的。

如果在单击【曲线】命令后，按住鼠标左键拖出一条曲线，再松开鼠标，同样可以生成一条样条曲线。

图 2-13　曲线绘制

对于已经生成的曲线，若要进行修改，操作方法如下：

1）单击要修改的曲线，曲线上显示出全部的编辑点（红色）和控制点（蓝色），如图 2-15 所示。

2）拖动编辑点或控制点可对曲线进行修改。若要增加或删除点，单击【添加 / 移除点】 ，单击曲线上的任意位置，可添加控制点和编辑点；单击已有的编辑点（红色），可删除现有的编辑点。

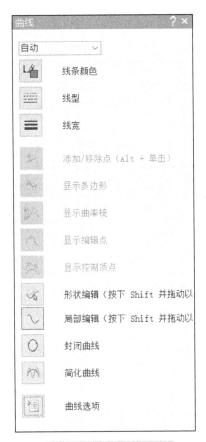

图 2-14 【曲线】工具条

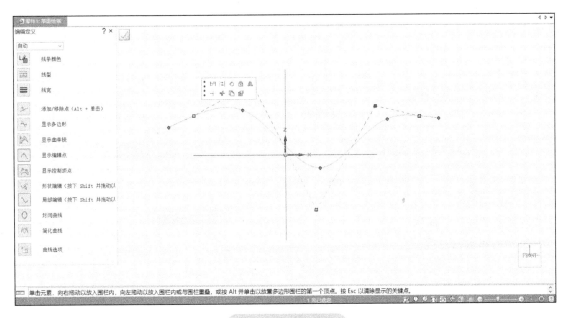

图 2-15 修改曲线

3. 绘制点

绘制点的操作方法如下：

单击【点】，出现如图 2-16 所示的工具条，输入点的 X、Y 坐标，按 <Enter> 键，在指定的坐标上会生成一个点。或者用鼠标左键单击指定点的位置，还可以捕捉所需关键点作为点的位置。

绘制的点一般是作为辅助构图的元素，并不会影响后续特征的建立。若要对点进行修改，单击该点可在工具条上修改点的坐标。

图 2-16 【点】工具条

2.3.2 绘制圆弧

绘制圆弧有三个命令，位于同一个下拉式按钮中。

1. 相切圆弧

该命令可以生成与现有直线或圆弧相切的圆弧。操作方法如下：

单击【相切圆弧】，选择已知直线或圆弧的端点，移动光标，出现圆弧，圆弧的起点始终保持与指定直线或圆弧的端点相切，单击鼠标左键确定圆弧的大小和角度。或者在工具条中输入半径和圆心角，绘制精确的圆弧。相切圆弧如图 2-17 所示。

2. 3 点画圆弧

该命令根据指定的三个点绘制圆弧。操作方法如下：

单击【3 点画圆弧】，然后单击鼠标左键指定第一点、第二点、第三点。3 点画圆弧如图 2-18 所示。

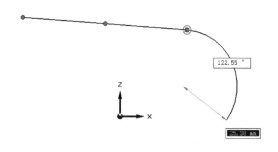

图 2-17 相切圆弧

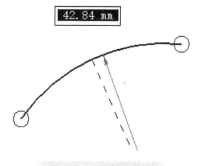

图 2-18 3 点画圆弧

当第三点置于第一点和第二点之间时，绘制圆弧的顺序是起点、终点、中间点，中间点用于控制圆弧的半径和方向。

3. 中心和点画圆弧

该命令用指定的圆心、起点和终点的方法画圆弧。操作方法如下：

单击【中心和点画圆弧】，然后单击鼠标左键确定圆心位置，再指定圆弧的起点，最后指定圆弧的终点。中心和点画圆弧如图 2-19 所示。

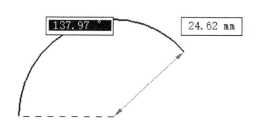

图 2-19 中心和点画圆弧

2.3.3 绘制圆、椭圆

绘制圆或椭圆有五个命令，位于同一个下拉式按钮中。

1. 中心和点画圆

根据指定的圆心和半径画圆。操作方法如下：

单击【中心和点画圆】⊙，先指定圆心，然后移动光标，单击确定半径，如图2-20所示。或者在工具条中输入直径或半径以绘制精确的圆。

2. 3点画圆

根据指定的任意三点来画圆。操作方法如下：

单击【3点画圆】○，依次指定三个点，如图2-21所示；或者在工具条中输入直径或半径，然后指定两个点来画圆。

图2-20 中心和点画圆   图2-21 3点画圆

3. 相切圆

该命令用于绘制与已知线段、圆弧或圆相切的圆。操作方法如下：

单击【相切圆】○，先选取已知线段或圆弧上的一点，然后移动光标确定直径或在工具条上输入直径来绘制圆，如图2-22所示。

4. 中心点画椭圆

根据指定的圆心和长短轴来绘制椭圆。操作方法如下：

单击【中心点画椭圆】⊘，首先单击第一点（A）作为椭圆的圆心，然后单击第二点（B）作为主轴的一个端点，最后单击第三点（C）确定另一个轴的长度，如图2-23所示。或者在工具条中输入椭圆的长轴、短轴和倾角绘制精确的椭圆。

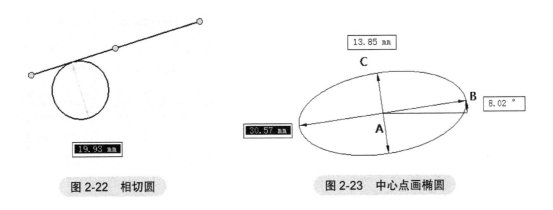

图2-22 相切圆   图2-23 中心点画椭圆

5.3 点画椭圆

该命令与【3点画圆】类似。操作方法如下：

单击【3点画椭圆】 ✐ ，先单击第一点（A）确定椭圆的起点，再单击第二点（B）确定一个主轴，最后单击第三点（C）确定另一个主轴，如图2-24所示。

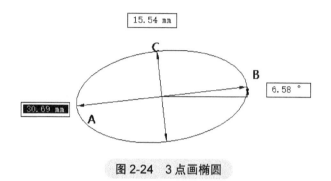

图2-24　3点画椭圆

第一点和第二点的连线确定椭圆一个主轴的方向和长度，椭圆的圆心在连线的中点，第三点确定椭圆另一个主轴的长度。也可以在工具条中输入所需数据，绘制精确的椭圆。

2.3.4　绘制矩形与多边形

绘制矩形有三个命令，绘制多边形有一个命令，位于同一个下拉式按钮中，分别为中心画矩形、2点画矩形、3点画矩形和中心画多边形。

1. 中心画矩形

根据指定的中心和一个顶点绘制矩形。操作方法如下：

单击【中心画矩形】 □ ，首先指定矩形的中心，然后指定矩形的一个顶点，如图2-25所示。

2. 2点画矩形

根据指定的两个顶点绘制矩形。操作方法如下：

单击【2点画矩形】 □ ，依次指定矩形的两个对顶点绘制矩形，如图2-26所示。

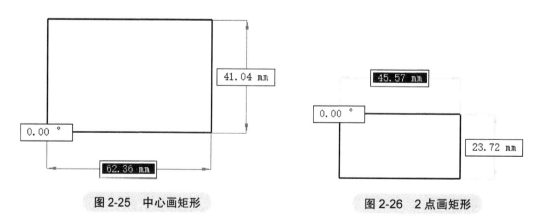

图2-25　中心画矩形　　　　　　　**图2-26　2点画矩形**

以上两种方法在画矩形时可按住 <Shift> 键以绘制正方形。默认绘制的矩形的方位都是"正"的，若要绘制"斜"的矩形，需在工具条中输入该矩形的角度。

3.3 点画矩形

根据指定的三个顶点绘制矩形。操作方法如下：

单击【3点画矩形】□，依次指定矩形的三个顶点绘制矩形，如图2-27所示。矩形的角度可在工具条中输入。

4.中心画多边形

根据指定的中点、边数绘制多边形。操作方法如下：

单击【中心画多边形】⬡，在工具条中选择中心距的指定方法（【按顶点】↖或【按中点】↑）。然后输入边数量（范围为3～200），再输入中心距和角度。

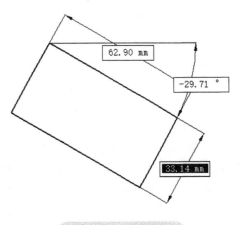

图2-27　3点画矩形

2.4　草图编辑工具

2.4.1　动态修改和删除图形元素

1.动态修改图形元素

用鼠标修改图形元素的大小和形状的操作方法如下：

按 <Esc> 键退回到选择状态，选择需要修改的元素（点、线、形状等），被选中的元素会变为绿色并出现控制点（以小方块表示），如图2-28所示。

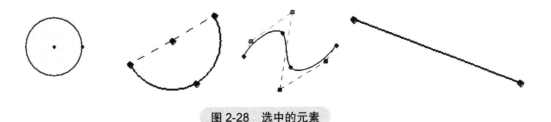

图2-28　选中的元素

当光标移动到控制点上时，光标会变为十字光标，这时单击控制点并拖动鼠标，可改变控制点的位置，从而改变图形元素的大小或形状。

2.删除图形元素

退回到选择状态，选取需要删除的元素，按 <Delete> 键可直接删除。

2.4.2　阵列

阵列是指将指定的图形元素按照指定的排列方式进行复制，有【矩形阵列】▦和【圆形阵列】⚙。【阵列】命令一般不推荐在草图环境中使用，故这里不做介绍，操作方法参见第3章中的特征阵列命令。

2.4.3　圆角与倒斜角

倒角命令包括圆角与倒斜角，位于同一个下拉式按钮中。

1. 圆角

【圆角】命令用于在两个指定的图形元素之间生成指定半径的圆弧。操作方法如下：

单击【圆角】 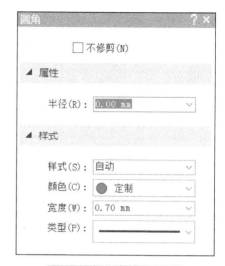，弹出如图 2-29 所示的工具条。在工具条中输入圆角半径，并按 <Enter> 键。然后指定要倒角的两个图形元素，例如选择如图 2-30a 所示的两条直线，倒角结果如图 2-30b 所示。

如果勾选工具条上的【不修剪】复选框，生成的倒角如图 2-30c 所示，表示倒圆角后不修剪原始的线段。

在指定了需要倒圆角的两条线段后，如出现有多种倒圆角的情况，需指定倒圆角的位置，如图 2-31 所示。

另一种生成倒圆角的方法是，单击【圆角】命令后，输入半径，按住鼠标左键拖动，扫过要倒圆角的两条线段，松开鼠标后便生成倒圆角，如图 2-32 所示。

图 2-29 【圆角】工具条

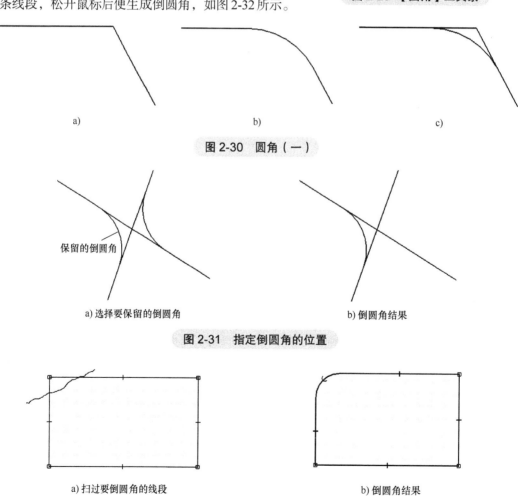

a)   b)   c)

图 2-30 圆角（一）

保留的倒圆角

a) 选择要保留的倒圆角   b) 倒圆角结果

图 2-31 指定倒圆角的位置

a) 扫过要倒圆角的线段   b) 倒圆角结果

图 2-32 圆角（二）

若要修改已生成的倒圆角，则可选中圆角后拖动控制点，也可对圆角标注尺寸重新指定半径。

2. 倒斜角

【倒斜角】命令用于在两条线段间生成一个直线倒角。操作方法如下：

1）单击【倒斜角】 ，弹出如图2-33所示的工具条。

2）指定需要生成倒斜角的两条线段后，会出现两条引导线，如图2-34所示。

3）指定倒斜角参数：【角度】表示两条引导线之间的夹角；【深度A】表示点A到引导线交点的距离；【深度B】表示点B到引导线交点的距离，如图2-34所示。在工具条中输入相应的值可绘制精确的倒斜角。

图2-33 【倒斜角】工具条

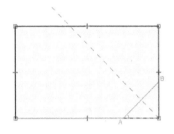

图2-34 出现引导线

若要生成倒角距离相等的倒斜角，在【角度】文本框中输入"45°"，然后只输入一个深度值即可。或者角度值输入"0°"，两个深度值相同。

2.4.4 修剪、延长和分割

1. 修剪

【修剪】命令可以删除指定图形中不需要的部分。如果该图形中只有一个元素，则会删除这个图形；当图形中包含多个元素时，软件会以相交的元素为边界删除指定的部分。操作方法如下：

单击【修剪】 ，选择要修剪的元素：若只修剪一个元素，当光标移动到该元素上时其变为橘色，单击即可删除，如图2-35所示；若要修剪多个元素，拖动鼠标扫过需要修剪的元素，可一次删除多个元素，如图2-36所示。

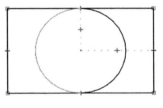

a）选中的部分

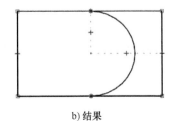

b）结果

图2-35 修剪

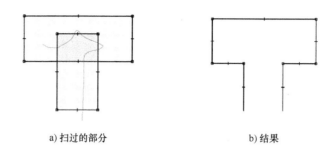

a)扫过的部分　　　　　　　　b)结果

图 2-36　拖动鼠标修剪

2. 修剪拐角

不同于【修剪】命令，【修剪拐角】命令用于以相交两线段的交点为界，将多余的部分删除，或将不相交的两线段延长到交点为止。操作方法如下：

单击【修剪拐角】 ┤ ，指定要保留的部分：拖动鼠标扫过相交的元素，鼠标扫过的一侧为要保留的部分，另一侧会被删除，如图 2-37 所示；若拖动鼠标扫过两个不相交的元素，修剪结果为将它们延伸到交点并删除多余部分，如图 2-38 所示。

a)扫过的部分　　　　　　　　b)结果

图 2-37　修剪拐角

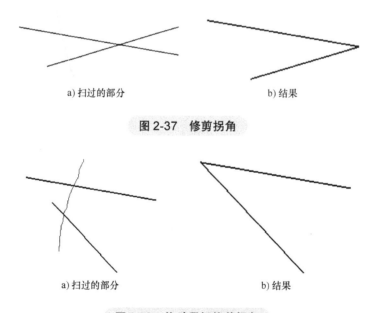

a)扫过的部分　　　　　　　　b)结果

图 2-38　拖动鼠标修剪拐角

3. 延长到下一个

【延长到下一个】命令可将一个或多个元素延长，使这些元素与其他元素相交。操作方法如下：

单击【延长到下一个】 ╡ ，指定要延长的元素：若只延长一个元素，单击该元素靠近希望延长的一端，即可将该元素延长到最近的一个可能与其相交的元素，如图 2-39 所示；若要同时延长多个元素，拖动鼠标扫过要延长的元素，可一次延长多个，如图 2-40 所示。

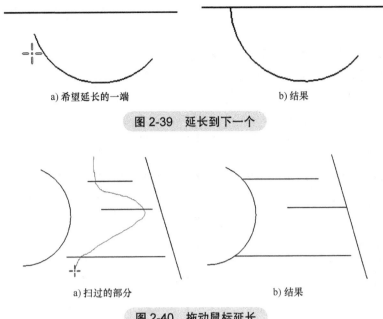

a) 希望延长的一端   b) 结果

图 2-39 延长到下一个

a) 扫过的部分   b) 结果

图 2-40 拖动鼠标延长

指定要延长的元素必须有能与之相交的其他元素作为延长终点，否则【延长到下一个】命令不起作用。

4. 分割

【分割】命令可根据元素上的一个点将该元素分割为两段或多段。操作方法如下：

单击【分割】 $\oslash$ ，选中需要进行分割的元素，单击该元素上的点（中点、象限点、与其他元素的交点等），则会根据这些点将该元素分割，如图 2-41 所示。

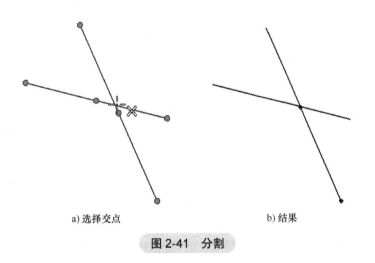

a) 选择交点   b) 结果

图 2-41 分割

操作过程中，可以使用【点】命令创建精确的分割点。

2.4.5 偏置工具

偏置工具包括【偏置】和【对称偏置】。

1. 偏置

【偏置】命令可对单一元素或草图轮廓链向某一方向按指定距离复制，线段元素与原来的元素保持相同的几何特征，如线段之间的角度、圆和圆弧保持圆心位置不变。操作方法如下：

1）单击【偏置】⬚，弹出如图 2-42 所示的工具条。

2）指定偏移距离：在工具条中的【距离】文本框中输入偏移距离。

3）指定要偏移的元素：选取如图 2-43a 所示的全部元素，单击鼠标右键接受。

4）指定偏移方向和复制次数：移动鼠标可指定偏移方向，如图 2-43b 所示，单击确定。偏移后的新元素又将作为新的偏移基准，可继续偏移，如图 2-43c 所示，直到单击鼠标右键结束【偏置】命令，如图 2-43d 所示。

图 2-42 【偏置】工具条

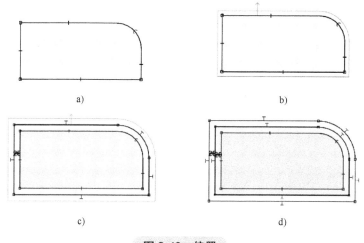

图 2-43 偏置

2. 对称偏置

【对称偏置】命令可生成以指定元素为中心线的对称复制，原始的元素会转换为虚线。操作方法如下：

1）单击【对称偏置】⬚，弹出如图 2-44 所示的对话框。

2）【宽度】是指对称偏置之后最外侧两个平行线之间的距离，如图 2-45 中标注的尺寸 20。

3）【半径】是指偏置后内侧的圆弧半径，如图 2-46a 中标注的尺寸 R5。【半径】的值可以为 0，此时内侧将不再有圆弧，而是变为线段的连接，如图 2-46b 所示。

4）【封盖类型】如果选择【直线】，生成的偏移结果如图 2-47a 所示，【封盖圆角半径】的值如图 2-47a 中标注的 R3；如果选择【圆弧】，生成的偏移结果如图 2-47b 所示；如果选择【偏置圆弧】，生成的偏移结果如图 2-47c 所示。

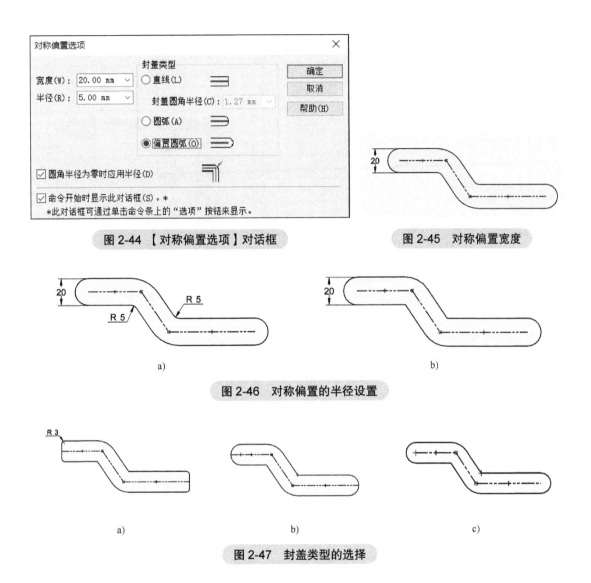

图 2-44　【对称偏置选项】对话框

图 2-45　对称偏置宽度

图 2-46　对称偏置的半径设置

图 2-47　封盖类型的选择

2.4.6　投影到草图

【投影到草图】命令可将其他零件或草图的面、边、线等元素复制到正在编辑的草图中。与简单的复制不同，投影之后的元素始终与原来的元素保持一致，"父"元素修改之后"子"元素也会做出相应的变化。由于此命令的关联性，特别适用于参数化建模和在装配环境中设计新的零件。

例如，图 2-48 所示为其他零件在本次草图中的投影，现将其轮廓偏移复制到本次草图中。操作方法如下：

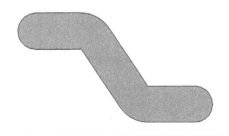

图 2-48　其他零件在本次草图中的投影

1）单击【投影到草图】 ，弹出如图 2-49 所示的对话框。勾选【带偏置投影】复选框，单击【确定】按钮，弹出如图 2-50 所示的工具条。

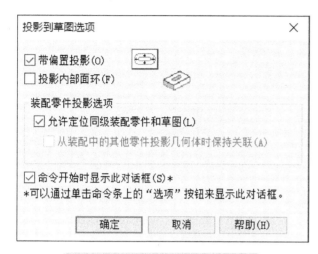

图 2-49 【投影到草图选项】对话框　　　图 2-50 【投影到草图】工具条

若只需将轮廓投影而不需要偏置，则无须勾选【带偏置投影】复选框。

2）在工具条上的【距离】文本框中输入要偏置的距离，从【选择】下拉列表中选择【单个线框】，选取图 2-48 所示模型表面的外轮廓，单击鼠标右键确定。移动光标确定偏移方向，如图 2-51a 所示。单击鼠标左键确定，结束命令，如图 2-51b 所示。

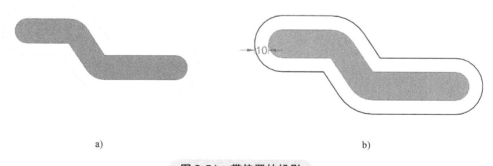

a)　　　　　　　　　　　　　　　　b)

图 2-51　带偏置的投影

2.4.7　常用编辑工具

常用的编辑工具包括构造、移动、旋转、镜像和缩放。其中构造为单独的按钮，移动和旋转在同一个下拉式按钮中，镜像和缩放在同一个下拉式按钮中。

1. 构造

【构造】命令用于将图形元素在构造（虚线）和轮廓（实线）之间进行切换，构造元素可用于定位、参考，不会作为实际参与运算的元素。操作方法如下：

单击【构造】 ，选取要转换的元素，如图 2-52a 所示的折线，可使该折线转换为双点画线，如图 2-52b 所示。再次选取该折线可使其恢复为轮廓线。

图2-52　构造

2. 移动

【移动】命令可将指定的元素进行平移，也可在平移的同时进行复制。操作方法如下：

1）单击【移动】✛，弹出如图2-53所示的工具条。

2）选取要移动的元素，可框选也可按住<Ctrl>键或<Shift>键多选。如图2-54a所示，选中的元素会以绿色表示。

3）指定移动的基点：捕捉图2-54b所示圆形的圆心作为移动基点。

4）指定移动距离：移动光标，选取的元素会随光标一起移动，单击确定新位置，或在工具条中输入X、Y坐标。

图2-53　【移动】工具条

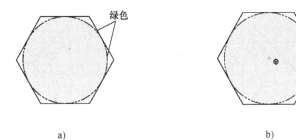

图2-54　移动

以上操作中原始图形不会保留，如果要保留原始图形，单击工具条上的【副本】按钮，激活复制功能（图标背景变为蓝色），操作的结果是原始图形和新图形并存，如图2-55所示。如果多次移动光标并单击，可进行多次移动复制，直到单击鼠标右键结束命令。

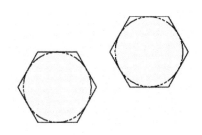

3. 旋转

【旋转】命令可使指定的图形绕着指定中心旋转或旋转复制。操作方法如下：

图2-55　保留原始图形

1）单击【旋转】🔄，弹出如图2-56所示的工具条，选取要旋转的元素。

2）指定旋转中心：捕捉图2-57中三角形的 A 点为旋转中心。

3）指定旋转的开始点：捕捉图2-57中三角形的点 B，此时旋转开始点为点 B，即让点 B 绕着点 A 旋转。

图2-56 【旋转】工具条

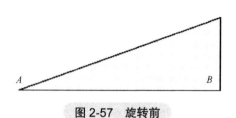

图2-57 旋转前

4）指定旋转角度：在工具条中输入旋转角度，如"45°"，按 <Enter> 键；或者移动光标确定旋转角度。

5）指定旋转方向：移动光标确定是顺时针或逆时针旋转，并单击确定，结果如图2-58所示。

与【移动】命令一样，可单击【副本】 按钮激活复制功能。多次移动光标并单击，可进行多次旋转复制，结果如图2-59所示。

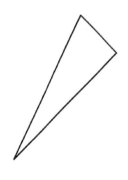

图2-58 旋转结果

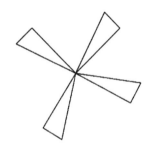

图2-59 多次旋转复制的结果

4. 镜像

【镜像】命令可将指定的元素按指定的对称轴复制或镜像。操作方法如下：

1）单击【镜像】 ，选取要镜像的图形，如图2-60所示选取后的元素会变为绿色，同时会在该图形的形心出现十字虚线。

2）指定对称轴：单击一个点作为对称轴上的第一点，移动光标会出现一条虚线引导线，并能看见镜像结果的预览（绿色图形），如图2-61a所示。单击确定第二个点，便生成了以指定两点的连线为对称轴的镜像复制，如图2-61b所示，单击鼠标右键结束命令。

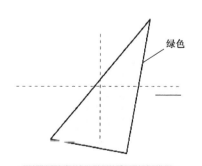

图2-60 选取要镜像的图形

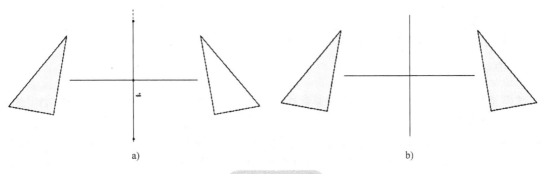

图 2-61 镜像

在生成第一个镜像复制后，如果不结束命令而继续单击，可继续生成镜像。如果使用已有的直线作为对称轴，当光标经过该直线时，会自动出现镜像的图形。也可以图形自身的边作为对称轴，生成的镜像图形与原始图形相连。【镜像】命令默认激活【副本】⬛按钮，即同时保留原始图形和镜像后的图形，如果取消工具条上的 ⬛ 按钮，则不会保留原始图形。

5. 缩放

【缩放】命令用于放大或缩小图形，并可进行比例复制。操作方法如下：

1）单击【缩放】⬛，弹出如图 2-62 所示的工具条。

2）选取需要进行缩放的图形，如图 2-63 所示。

3）指定缩放中心：捕捉图 2-64 所示的顶点为缩放中心。

4）指定缩放比例：在工具条中的【比例】文本框中输入"2"，按 <Enter> 键完成缩放。

图 2-62 【缩放】工具条

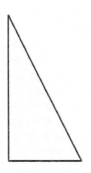

图 2-63 选取需要进行缩放的图形

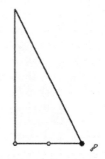

图 2-64 指定缩放中心

在指定缩放中心后，也可不输入比例而是移动光标查看缩放效果，单击完成缩放。如果激活工具条上的【副本】⬛按钮，则可同时得到原始图形和缩放之后的图形。

2.5 尺寸约束

天工 CAD 2023 草图环境下标注的尺寸为驱动尺寸，即用尺寸来驱动图形的变化，图形能随标注尺寸的改变而自动改变，这是参数化建模的核心。

2.5.1 智能尺寸

【智能尺寸】命令一般用来标注能够直接选取的单一原始的尺寸。该命令会根据所选的元素类型自动判断尺寸类型。例如，当选取的元素为直线时，标注的尺寸为线性尺寸；当选取的元素为圆弧时，标注的尺寸为半径尺寸，尺寸数值前会自动添加"R"；当选取的元素为圆形时，标注的尺寸为直径尺寸，尺寸数值前会自动添加"ϕ"；当选取的元素为两个不平行的线段时，标注的尺寸为角度尺寸。

以图 2-65 所示图形中线段 AB 的尺寸标注为例，操作方法如下：

1）单击【智能尺寸】 。

2）标注尺寸：选取直线 AB，移动光标，将尺寸线移动到合适的位置，单击确定。尺寸输入框如图 2-66 所示。

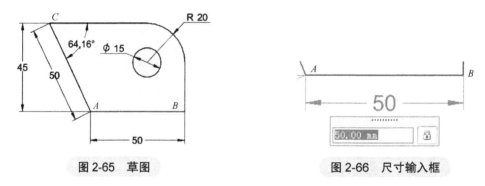

图 2-65 草图   图 2-66 尺寸输入框

3）校验尺寸值：在图 2-66 所示的尺寸输入框中显示的数值是软件测量出的线段长度，如果尺寸数值不是所希望的，需要输入正确的数值，并按 <Enter> 键确认，线段的长度会自动按照输入的数值变化。

使用同样的操作方法，可标注图 2-65 中的 ϕ15 圆、R20 圆角。对于线性尺寸，默认是标注平行于线段的尺寸，如图 2-65 中线段 AB 的长度"50"、点 A 和点 C 间的尺寸"50"。对于倾斜的线段如 CA，在标注尺寸时，按住 <Shift> 键可标出由该线段两个端点引出的水平尺寸或垂直尺寸，如图 2-65 中点 A 和点 C 间的尺寸"45"。

对于角度尺寸，操作方法有所不同：单击【智能尺寸】命令后，首先选择一条线段，然后按 <A> 键，再选择第二条线段，在尺寸输入框中输入角度尺寸的数值，最后单击完成标注，如图 2-65 中的角度尺寸"64.16°"。

如果要修改已标注的尺寸，则可单击该尺寸，会出现如图 2-66 所示的尺寸输入框，修改输入框中的数值即可。

2.5.2 尺寸标注方式

单击【智能尺寸】 ，弹出如图 2-67 所示的工具条，在下拉列表中有四种标注方式，分别是【水平/竖直】【用2点】【用尺寸轴】和【自动】，可标注不同样式的尺寸。四种标注方式的操作步骤都一样：先选择尺寸基准元素，再选择测量元素，移动尺寸线到合适的位置，单击确定，最后校验尺寸数值是否正确。

1. 水平/竖直

【水平/竖直】用于标注两个元素之间的水平或垂直尺寸。以图2-68所示草图图形为例说明操作方法：

标注垂直尺寸：单击【智能尺寸】命令后，选取【水平/竖直】方式，捕捉线段 AE 和点 D，向左移动尺寸线到合适的垂直位置，单击确定，再右击结束标注，标注 D、E 两点之间的垂直距离。

图2-67　【智能尺寸】工具条

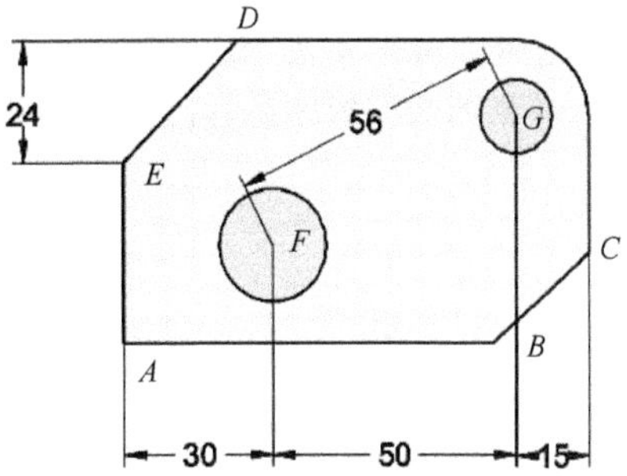

图2-68　草图

2. 用2点

如果选择【用2点】，那么标注的尺寸就是两点之间的距离，尺寸线始终与两点的连线平行，如图2-68中点 F 与点 G 之间的尺寸"56"。

3. 用尺寸轴

【用尺寸轴】可以标注平行或垂直于指定直线的尺寸。采用该方法时必须要用到工具条上的 ✕ 按钮，用来选取用于平行或垂直的直线。以图2-69所示图形为例说明操作方法：

单击【智能尺寸】命令后，选择【用尺寸轴】；单击 ✕ 按钮，选取线段 BC；捕捉线段 AE，然后捕捉圆心 G；移动光标，可以选择是平行于线段 BC 的标注，如图2-69a所示，或是垂直于线段 BC 的标注，如图2-69b所示。如需要可以修改尺寸，右击结束标注。

4. 自动

【自动】是基于所选择元素方向的尺寸。该选项为默认项。

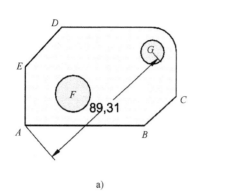

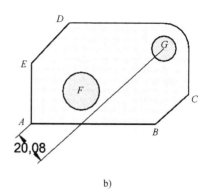

图 2-69　用尺寸轴标注尺寸

2.5.3　其他标注命令

1. 间距

【间距】命令常用于标注点与点之间的距离，如图 2-70 所示。在使用【智能尺寸】命令时，第一个元素往往捕捉不了点元素，但又需要标注点与点之间的距离时，一般用【间距】命令。

单击【间距】　，弹出如图 2-71 所示的工具条，和【智能尺寸】工具条基本一致，只是没有【自动】标注方式。

2. 角度

在 2.5.1 小节中介绍的角度标注方法一般适用于标注线段之间的角度，但不好标注圆弧的圆心角。使用【角度】命令既可以标注线段之间的夹角，又能够标注圆弧的圆心角。这里以图 2-72 所示草图为例说明标注圆心角的操作方法：

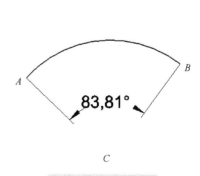

图 2-70　点与点之间的距离　　图 2-71　【间距】工具条　　图 2-72　角度标注

单击【角度】 ，在工具条中选择标注方式为【用 2 点】，按顺序指定 A 点（一个端点）、
B 点（另一个端点）与 C 点（圆弧的圆心），移动光标将尺寸放置在合适的位置，可以修改尺寸
输入框中的数值，右击完成标注。

2.6　几何约束

几何约束用于控制图形中相关元素之间的几何关系。在开启【智能草图选项】中的选项
后，有些几何关系会在绘图的过程中自动添加，无论图形怎么变，这些关系始终保持不变。天
工 CAD 2023 可根据需要添加这些几何关系，也可以删除。

2.6.1　几何约束标记和显示控制

默认设置下，在绘图过程中自动生成或手工添加的约束关系会显示在相应的元素上。主要
的几何约束标记有连接、水平 / 竖直、相切、平行、相等、对称、同心、垂直、共线和固定等。

如果不需要显示这些几何关系，单击选项卡中的【观阅草图关系】 图标，当此图标的背
景消失时，表示此开关被关闭，在绘图界面中将不会显示几何关系。如需重新显示，再单击此
图标（图标背景变为蓝色）。

2.6.2　连接

【连接】命令用于将一个约束上指定的点连接到另一个约束的指定位置。操作方法如下：

单击【连接】 ，指定连接点，即选取第一个元素上指定的一个点，然后选取第二个元素
上指定的点。以图 2-73a 所示草图为例，捕捉圆的圆心点 A，然后捕捉线段的一个端点 B，可使
圆心 A 连接到端点 B 上，同时显示连接的几何约束标记，如图 2-73b 所示。

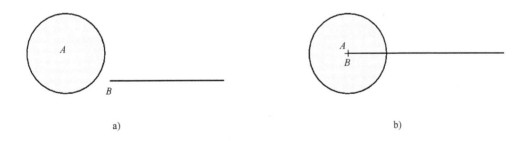

a)　　　　　　　　　　　　　　　　　b)

图 2-73　连接

2.6.3　水平 / 竖直

【水平 / 竖直】命令可使倾斜的直线或两个点变为水平 / 竖直状态。操作方法如下：

单击【水平 / 竖直】 ，单击单个线段或两个点。

如果单击的线段与水平方向夹角大于 45°，线段会变为竖直，如图 2-74a 所示，否则变为水
平，如图 2-74b 所示。选择两个点的效果一样，即如果该两点的连线与水平方向夹角小于 45°，
线段会变为水平，否则变为竖直。

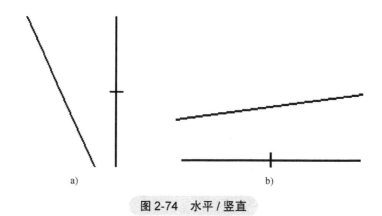

a)

b)

图 2-74　水平/竖直

2.6.4　相切

【相切】命令可以使直线与圆或圆弧相切，或使两个圆或圆弧相切。操作方法如下：

单击【相切】⌒，单击第一条直线或圆或圆弧，再单击第二条直线或圆或圆弧。指定的第一个元素将与第二个元素相切，如图 2-75 所示。

线段、圆或圆弧的长度不能保证有切点时，延长线会保持相切。

a) 操作前

b) 操作后

图 2-75　相切

2.6.5　平行

【平行】命令用于使两条直线保持平行。操作方法如下：

单击【平行】╱，单击第一条直线，再单击第二条直线。第一条直线将与第二条直线保持平行，如图 2-76 所示。

a) 操作前

b) 操作后

图 2-76　平行

2.6.6　相等

【相等】命令可使两条线段的长度相等，或使两个圆或圆弧的半径或弧长相等。操作方法如下：

单击【相等】 = ，单击第一条线段，再单击第二条线段，如图 2-77 所示，第一条线段会与第二条线段等长。或者单击第一个圆或圆弧，再单击第二个圆或圆弧，如图 2-78 所示，第一个圆或圆弧会与第二个圆或圆弧保持半径或弧长一致。

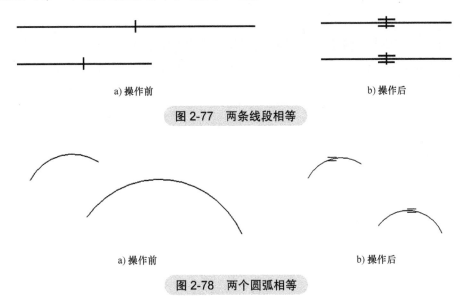

a) 操作前　　　　　　　　　　　　　　　　b) 操作后

图 2-77　两条线段相等

a) 操作前　　　　　　　　　　　　　　　　b) 操作后

图 2-78　两个圆弧相等

2.6.7　对称与对称轴

1. 对称

【对称】命令可使两个类型一致的元素（线段、圆、圆弧）以指定的对称轴对称。操作方法如下：

单击【对称】 ，指定对称轴（单击一条直线为对称轴）。单击第一条线段（或圆或圆弧），再单击第二条线段（或圆或圆弧），第一个元素将与第二个元素对称，如图 2-79 所示。

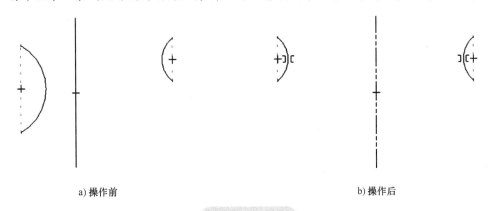

a) 操作前　　　　　　　　　　　　　　　　b) 操作后

图 2-79　对称

2. 对称轴

【对称轴】命令可指定某条直线始终作为对称轴，也可用于重新指定其他直线作为对称轴。操作方法如下：

单击【对称轴】⚡，选取一条直线。此时，该直线将始终作为对称轴，即后续使用【对称】命令时软件将默认此直线为对称轴，无须再指定对称轴。如果需要使用其他直线作为新的对称轴，则使用【对称轴】命令重新指定新的直线为对称轴即可。

2.6.8　同心

【同心】命令可使两个圆或圆弧保持同心关系。操作方法如下：

单击【同心】◎，指定需要同心的两个圆或圆弧，即选取第一个圆或圆弧，再选取第二个圆或圆弧，如图 2-80 所示。

a) 操作前　　　　　　　　　　　　　b) 操作后

图 2-80　同心

2.6.9　垂直

【垂直】命令用于将指定的两条直线（或一条直线、一条曲线）变为垂直关系。操作方法如下：

单击【垂直】∟，单击第一条直线，再单击第二条直线或曲线，如图 2-81 所示。

第一次单击的元素必须为直线。如果是直线与曲线垂直，可能是曲线的延长线与直线垂直。

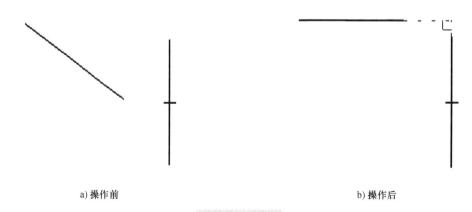

a) 操作前　　　　　　　　　　　　　b) 操作后

图 2-81　垂直

2.6.10　共线

【共线】命令可将两条直线设置为共线关系。操作方法如下：

单击【共线】 ↦ ，单击第一条直线，再单击第二条直线，如图 2-82 所示。

如果以后其中一条直线的角度发生变化，第二条直线也会随之改变位置，但两条直线始终保持共线。

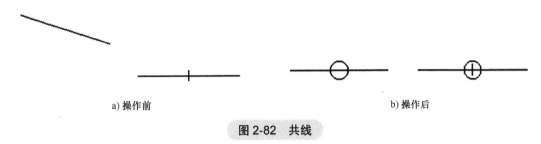

a) 操作前　　　　　　　　　　　　　　　　b) 操作后

图 2-82　共线

2.6.11　固定

【固定】命令可将指定的元素或元素上的关键点锁定，使其无法修改（颜色变为黑色）。操作方法如下：

单击【固定】 🔒 ，单击元素或元素上的关键点，如图 2-83 所示。

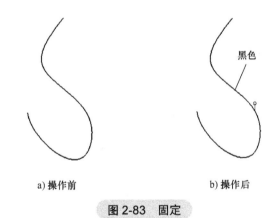

a) 操作前　　　　　　　　　　　b) 操作后

图 2-83　固定

2.7　退出草图环境和草图的修改

草图绘制完成后，单击选项卡最右侧或者绘图区域左上角的【关闭草图】 ☑ ，都可以退出草图环境，返回到其进入时的环境。如果要对草图进行修改，有以下几种方式：

1）在零件或钣金建模过程中，在还没有结束特征命令之前，可以单击工具条上的【绘制轮廓步骤】 ⬚ 按钮，返回草图环境。

2）在零件或钣金特征创建结束后，如果需要修改特征的草图，可选取特征，单击工具条上的【编辑轮廓】 ✎ 按钮，返回草图环境。

3）对于用草图命令绘制的草图，可从设计树中选取该草图，单击工具条上的【编辑轮廓】 ✎ 按钮，返回草图环境。

2.8 实例分析

绘制草图可以采用不同的方法，下面以图 2-84 所示草图为例说明绘制草图的基本过程和方法。

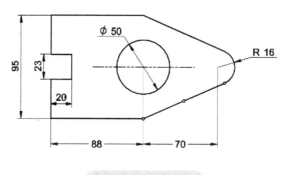

图 2-84 草图示例

1）新建一个零件文件，单击【草图绘制】命令，选取任意一个主参考平面，进入草图环境。

2）单击【中心和点画圆】命令，以坐标原点为圆心画一个圆，如图 2-85 所示。

3）用【直线】命令绘制如图 2-86 所示的外轮廓。

图 2-85 画一个圆　　　　　　　　　　图 2-86 绘制外轮廓

4）单击【中心画矩形】命令，在左侧线段的中心点处画一个矩形，如图 2-87 所示。

5）用【圆角】命令在右侧创建一个圆角，如图 2-88 所示。

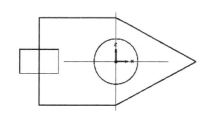
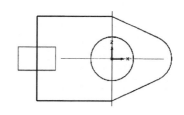

图 2-87 画一个矩形　　　　　　　　　　图 2-88 创建一个圆角

6）用【修剪】命令修剪左侧轮廓，结果如图 2-89 所示。

7）用【对称】命令约束上下对称的元素，如图 2-90 所示。

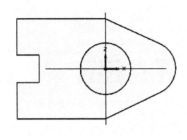

图 2-89 修剪左侧轮廓

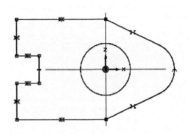

图 2-90 约束上下对称

8）标注尺寸，如图 2-91 所示，完成草图绘制。

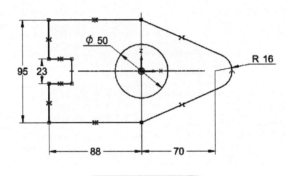

图 2-91 完成草图

第3章

零件设计

3

传统的机械工程设计，一般都是参照现有的图样进行自顶向下的设计，从装配开始进行设计，首先生成总装配图，然后由总装配图拆画成子部件装配图和零件图，用于指导加工和生产。整个过程是工程师通过手工或利用计算机辅助二维画图进行的，所有的设计意图都是通过二维图样表现出来的，由于图样本身的制约，使得设计者把大部分的精力、时间耗费在如何使用图样表述零件及反复修改时重新进行二维绘制上，使设计过程变得枯燥冗长，设计效率不高，并且对于模型和结构无法进行可视化展示。天工 CAD 2023 的零件模块是通过特征造型来实现零件的三维造型设计的，特征是几何体的参数化表示，通过特征及参数对模型进行控制和修改非常方便快捷，这种设计方法符合设计者的思维习惯。

本章主要介绍在天工 CAD 2023 零件模块中进行零件设计的方法思路及过程。

3.1 零件创建流程

对于零件设计而言，思路非常重要。首先需要对模型进行细化，然后对建模的过程进行分解，最后在每个特征中进行细化，将复杂的问题拆解成无数个简单的问题。

1）对零件进行整体分析，进行模型细化，分析零件由哪些部分组成，组成的方式是增加材料还是去除材料，相对位置关系如何等。

2）制定、规划创建各个形体的具体使用特征和步骤。

3）对模型特征进行创建和细化。

在天工 CAD 2023 零件模块中，特征命令非常多，功能很强大，但是创建特征的工作流程基本一致：

1）单击特征命令。

2）指定或生成参考面。

3）在指定的参考面上绘制所需的草图轮廓，或者选取已有的草图。

4）指定特征生成的方式、方向及尺寸。

5）对变量表进行处理。

6）对特征树进行处理。

7）完成设计。

在天工 CAD 2023 中平面也可以作为特征，所以以上工作流程中的步骤1）、2）可以进行调换。创建的第一个实体命令特征称为基础特征，对于基础特征而言，只能使用增加材料的命令进行创建，其他特征是在基础特征上添加所需特征而形成的，如果删除基础特征，其他特征将会被一并删除。基础特征的正确选定和创建对整个零件的建模过程起决定性的作用。综上所述，在天工 CAD 2023 的零件环境中对零件进行三维实体造型时，典型的过程可归纳为如图3-1所示的流程图。

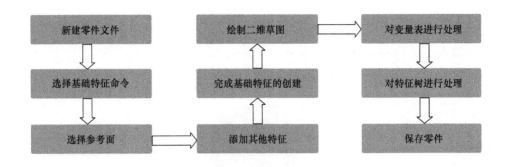

图 3-1　典型零件建模流程

在天工 CAD 2023 中，有两种创建新零件的方式：通过模板创建零件和在装配体中创建新零件（即自顶向下设计方式中的零件建模）。

1. 通过模板创建零件

在欢迎界面中选择【新建】，选择默认模板创建。或者在顶部工具栏中选择【新建】，然后选择一个标准模板创建零件文件，如图 3-2 所示。

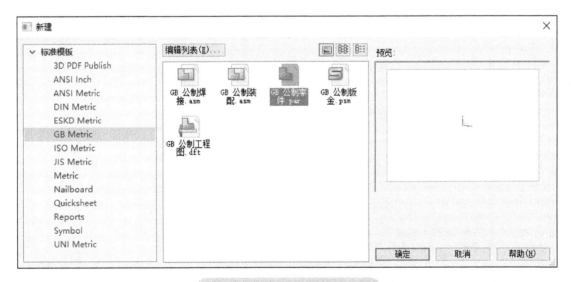

图 3-2　选择模板创建零件文件

2. 在装配体中创建新零件

在装配中，也可以直接创建新零件，即自顶向下设计方法中的零件创建。

1）在装配体设计环境中，在如图 3-3 所示的装配体中单击【创建新零件】，弹出如图 3-4 所示的【创建新零件选项】对话框和如图 3-5 所示的【创建新零件】工具条。

2）单击【关闭并返回】，完成原位零件创建，如图 3-6 所示。

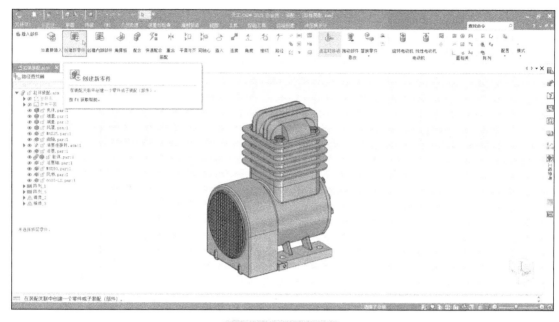

图 3-3　创建新零件

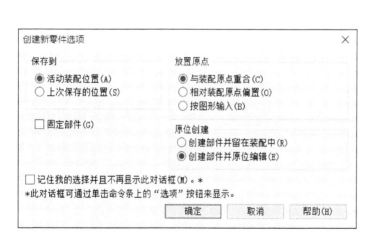

图 3-4　【创建新零件选项】对话框

图 3-5　【创建新零件】工具条

图 3-6　退出零件编辑

3.2　零件设计环境

零件设计环境的用户界面有标题栏、快速访问工具栏、功能区、图形区、提示条和路径查找器等，如图 3-7 所示。

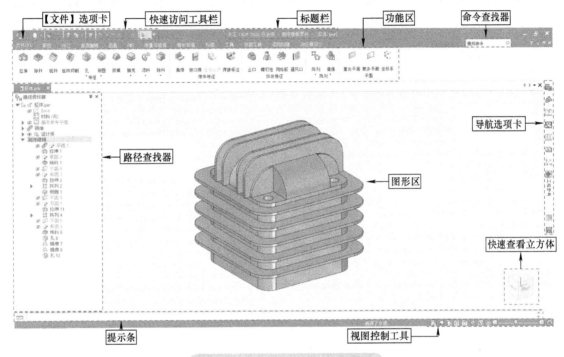

图 3-7　零件设计环境的用户界面

功能区包含了天工 CAD 2023 的常用功能，也可以按需对功能区进行定制。用户所用工具条可以用鼠标拖拽的方式将其放置到合适位置，此工具条是一个随时变化的智能工具条，不同的特征命令和操作步骤会出现不同的工具条和按钮，协助完成指定特征的创建，并可以利用它对已完成的特征进行编辑和修改。绝大部分情况下，执行特征命令时，首先出现的工具条都会提示用户选取草图参考面或者草图，如图 3-8 所示。

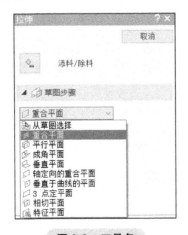

图 3-8　工具条

对于很多命令有 ▾ 按钮，称为下拉按钮，将会有其他的按钮命令重叠在此按钮下，各重叠按钮和对应的名称如图3-9所示。

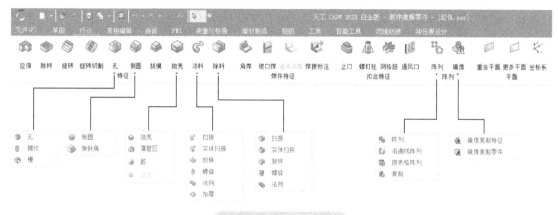

图3-9　下拉按钮示意

3.3　用户自定义参考平面

零件设计环境中，大部分的特征命令在执行时第一个步骤都是选择草图或者草图的参考平面。参考平面确定了草图绘制的空间位置，在天工 CAD 2023 的所有模块中，软件自带了三个默认的参考平面，称为原始坐标系平面，分别是"俯视图（XY）""右视图（YZ）""前视图（XZ）"，如图3-10所示，等同于三投影面体系中的水平面、正立面和侧立面，这三个原始坐标系平面是不能删除或者编辑的。除了这三个参考平面外，用户也可以根据需要在已有的实体上创建其他参考面。

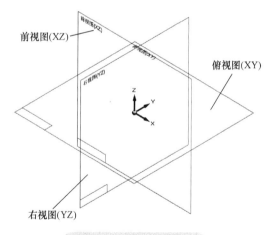

图3-10　默认参考平面

用户创建的参考平面有全局参考平面和局部参考平面两种。在特征平面命令中创建的参考平面是全局参考平面，一旦创建完成可以保存在模型树浏览器中，可以反复利用。在其他特征命令执行过程中，工具条上创建的参考平面称为局部参考平面，随特征命令的结束而消失。在不需要永久保留用户所创建的自定义参考平面时，常用工具条上的参考平面按钮创建局部参考平面。

无论是局部参考平面还是全局参考平面，创建的方法都是一样的，共有八种创建用户自定义参考平面的方法，下面以创建全局参考平面为例进行说明。

1. 创建与指定平面重合的参考平面

以图3-11为例，操作步骤如下：

在【特征】选项卡的【平面】功能区单击【重合平面】 ▱，单击平面 A 作为指定重合的平面创建重合平面，如图3-11所示。参考平面的 X 轴方向和原点是系统根据所选择的平面或参考平面的几何结构自动决定的。如果要改变，则可以按 <N> 键更改参考平面 X 轴的方向，按 <B> 键返回上一方向，按 <T> 键沿两对角切换 X 轴的方向，按 <F> 键翻转 X 轴的方向，按 <P> 键设置基准平面。

2. 创建与指定平面平行的参考平面

以图 3-12 为例，操作步骤如下：

1）在【特征】选项卡的【平面】功能区的【更多平面】下拉按钮中选择【平行】 ，单击选取平面 B 作为要平行的平面或参考平面。

2）指定平行距离：在工具条中输入平行距离为 "100"，按 <Enter> 键或者鼠标右键确定距离。

3）指定参考平面在平行平面的哪一侧：由鼠标指定参考平面在平行平面的外侧，生成的平行平面如图 3-12 所示。

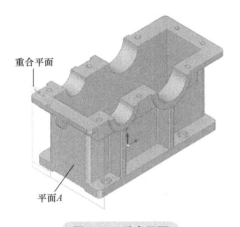

重合平面

平面A

图 3-11　重合平面

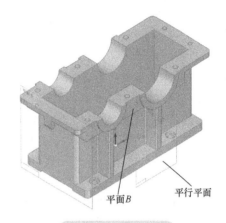

平面B

平行平面

图 3-12　平行平面

在 "选取要平行的平面或参考平面" 步骤中，参考平面的 X 轴方向是系统根据所选的平面或参考平面的几何结构自动决定的，可以使用快捷键 <N> 键、<B> 键、<T> 键、<F> 键、<P> 键来重新选择参考平面的 X 轴方向。

3. 创建与指定平面成一定角度的参考平面

以图 3-13 为例，操作步骤如下：

1）在【特征】选项卡的【平面】功能区的【更多平面】下拉按钮中选择【成角度】 。

2）单击平面 A 作为基准平面，然后单击基准平面上的边为 X 轴，如图 3-13 所示。

3）指定 X 轴的原点：单击 X 轴的一端为 X 轴的原点。

4）指定角度：在工具条中输入角度值或由鼠标指定。

5）指定角度方向：由鼠标指定参考平面在基准平面的哪一侧生成。

输入的角度值必须为 0 或正值，创建的参考平面绕基准平面上的 X 轴旋转指定的角度，旋转方向由鼠标指定，如图 3-13 所示。

4. 创建与指定平面垂直的参考平面

以图 3-14 为例，操作步骤如下：

1）在【特征】选项卡的【平面】功能区的【更多平面】下拉按钮中选择【垂直】 。

2）单击平面 B 作为基准平面，然后单击基准平面的一条边为 X 轴，如图 3-14 所示。

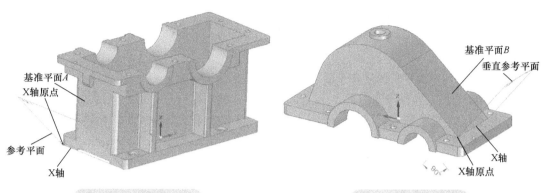

图 3-13　成角度平面　　　　　　　　　　图 3-14　垂直平面

3）指定 X 轴的原点：单击 X 轴的一端为 X 轴的原点。

4）指定参考平面的方位：由鼠标指定垂直参考平面在基准平面的哪一侧，创建的垂直参考平面如图 3-14 所示。

系统设定的角度默认为 90°，所创建的参考平面过基准平面上的 X 轴与基准平面垂直。

5. 通过轴创建重合参考平面

以图 3-15 为例，操作步骤如下：

1）在【特征】选项卡的【平面】功能区的【更多平面】下拉按钮中选择【按轴重合】 ▱。

2）单击平面 B 作为重合平面，然后单击重合平面的一条边为 X 轴，如图 3-15 所示。

3）指定 X 轴的原点：单击 X 轴的一端为 X 轴的原点。

4）生成的参考平面与指定平面重合且以指定的边为 X 轴，如图 3-15 所示。

6. 根据三点创建参考平面

以图 3-16 为例，操作步骤如下：

1）在【特征】选项卡的【平面】功能区的【更多平面】下拉按钮中选择【用 3 点】 ▱。

2）单击一个点定义参考平面的原点，选取点 1。

3）单击一个点定义参考平面的 X 轴，选取点 2。

4）单击一个点确定参考平面的方向，选取点 3。

点 1 为参考平面 X 轴的原点，点 1 和点 2 确定参考平面的 X 轴，点 3 确定参考平面的方向。

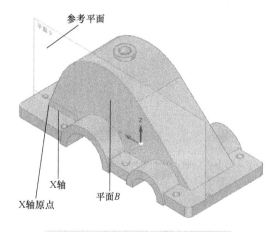

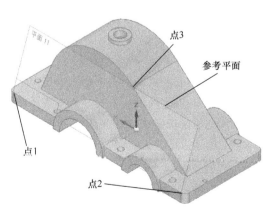

图 3-15　通过轴创建重合参考平面　　　　图 3-16　三点创建参考平面

7. 创建垂直于曲线的参考平面

此命令可创建与任意平面曲线或空间曲线垂直的参考平面。打开零件模型 3-3-1.par，按照如下步骤创建垂直于曲线的参考平面：

1）在【特征】选项卡的【平面】功能区的【更多平面】下拉按钮中选择【垂直于曲线】 ▱ 。

2）单击曲线的任意一个端点（参考平面将通过选取的端点，并且垂直于当前的曲线），按照图 3-17 所示选取。

3）选取曲线上的一个点或者输入距离，完成垂直于曲线的参考平面的创建。

8. 创建相切于曲面的参考平面

以图 3-18 为例，操作步骤如下：

1）在【特征】选项卡的【平面】功能区的【更多平面】下拉按钮中选择【相切】 ▱ 。

2）选择曲面，移动光标放置平面或者按照图 3-18 所示输入角度值创建参考平面。

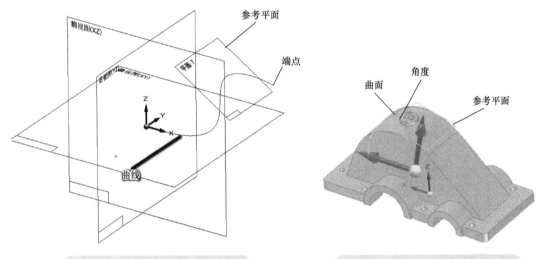

图 3-17　垂直于曲线的参考平面　　　　图 3-18　相切于曲面的参考平面

3.4　在创建特征时绘制草图和选取草图

在天工 CAD 2023 的大部分特征中，需要提前绘制草图或者在特征中创建草图，软件的默认方式为在创建特征时选择重合平面进行草图的绘制，但是这种方式创建的草图称为局部草图，只能被当前的特征所引用，同时要注意的是这个草图的所有轮廓都会被当前的特征所引用，如果要修改该草图，则应在修改特征时进行草图的修改。如果是提前用绘制草图命令绘制的草图，这个草图称为全局草图，能够在当前的零件中随时被其他特征所引用。

3.5　零件特征命令

3.5.1　拉伸

【拉伸】命令通过将草图沿垂直草图所在的参考平面的方向拉伸而生成实体特征。

1. 拉伸基础特征

1）在【特征】选项卡的【特征】功能区单击【拉伸】 ⬡ ，如果当前零件中没有任何草图，软件会提示选择参考平面；如果零件环境中包含了草图，软件会提示从草图中选择或者选择参考平面，如图3-19所示。

2）选择XY平面作为草图平面，进入草图环境，绘制如图3-20所示的草图，单击【完成】按钮或者在空白区域单击鼠标右键完成草图的创建，按<Esc>键退出绘制草图环境，进入轮廓拉伸环境，此时工具条如图3-21所示，默认的拉伸方式为向一侧拉伸有限距离（软件会记住上一次的选择方式）。

图3-19 【拉伸】工具条（一）　　　图3-20 轮廓草图

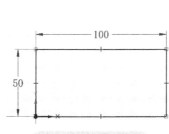

图3-21 【拉伸】工具条（二）

3）指定拉伸的方式和长度值后，创建如图3-22所示的模型，如果选择的是两侧对称拉伸，那么输入的深度值为拉伸的总长度。

4）如果当前的拉伸有拔模特征或冠特征，则可以在工具条上单击【处理步骤】，如图3-23所示，创建对应特征。

5）创建拔模特征：单击【拔模】，输入拔模角度和调整拔模方向后创建拔模特征，如图3-24所示。

6）创建冠特征：单击【冠】，这里以偏置为例进行展示，如图3-25所示。

？ 根据已有草图进行特征的拉伸

1）打开零件模型3-5-1.par，在【特征】选项卡的【特征】功能区单击【拉伸】，弹出如图3-26所示的【拉伸】工具条。

2）选择当前模型中的草图，单击【对称延伸】，选择两侧对称的拉伸方式，输入距离为"100"，创建如图3-27所示模型。

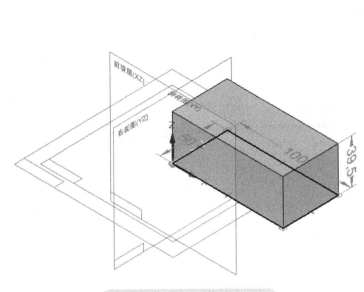

图 3-22　选择拉伸方向和距离

图 3-23　【拉伸】工具条（三）

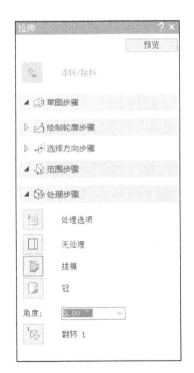

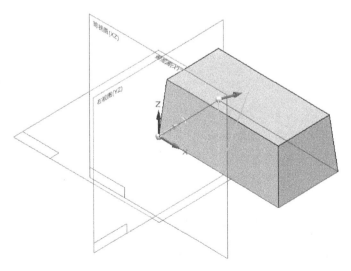

图 3-24　创建拔模特征

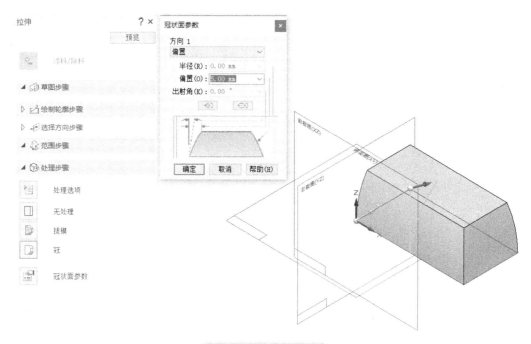

图 3-25　创建冠特征

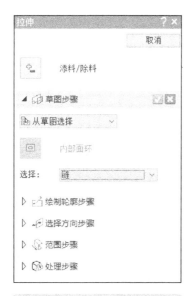

图 3-26　【拉伸】工具条（四）

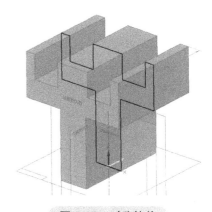

图 3-27　对称拉伸

拉伸方式有多种，下面介绍贯通、穿过下一个、起始/终止范围、有限范围几种拉伸方式。

● 贯通 ┈ ┈：沿指定方向进行贯通拉伸。单击该命令按钮，移动光标后出现箭头，它表示当前贯通拉伸的方向。贯通拉伸的方向可以是向左、向右和向两侧三个方向，拉伸的结果如图 3-28 所示。

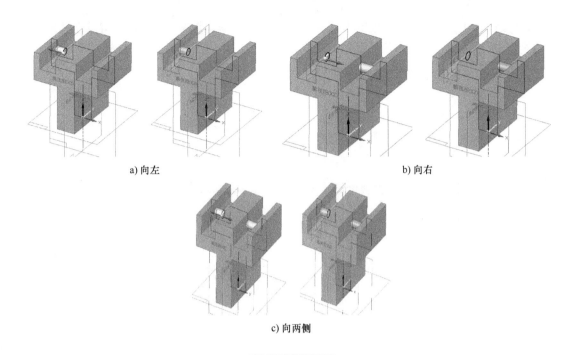

a) 向左　　　　　　　　　　　　　　　b) 向右

c) 向两侧

图 3-28　贯通

● **穿过下一个** ：造型终止到下一个接触到的参考平面或者曲面。单击该命令按钮，移动光标后出现箭头，指定拉伸到下一面的方向可以是向左、向右和向两侧三个方向，拉伸的结果如图 3-29 所示。

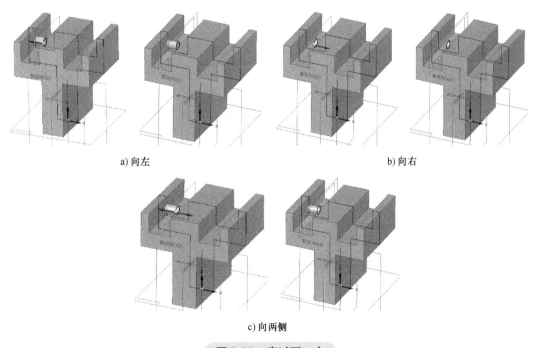

a) 向左　　　　　　　　　　　　　　　b) 向右

c) 向两侧

图 3-29　穿过下一个

● **起始/终止范围** ━：将草图轮廓从一个指定的面造型终止至另一个面，可以在选择起始面和终止面时输入偏置距离，从而在符合条件的范围内生成一个拉伸特征，如图3-30所示。

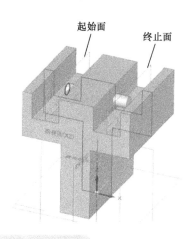

图 3-30　起始/终止范围

● **有限范围** ━：将草图特征拉伸至指定深度。单击该命令按钮时，工具条中需要输入拉伸的距离，并且单击工作界面指定拉伸方向；当然也可以直接使用鼠标在工作界面指定拉伸位置和方向，生成所需的拉伸特征，如图3-31所示。

在拉伸的过程中可以捕捉关键点，将草图特征拉伸至指定的关键点位置，关键点可以是端点、中心点、圆心、轮廓点、相切点和编辑点，如图3-31所示。

3）完成拉伸特征后，单击工具条上的【完成】按钮，完成拉伸特征的创建，如图3-32所示。

3.不封闭草图的拉伸

在创建基础特征时，草图必须是封闭的。在已有的基础特征上创建其他拉伸特征时，草图可以是封闭的，也可以是不封闭的。如果在已有特征上创建的草图是不封闭的，那么工具条上的【选择方向步骤】按钮将被激活，用于指定增料的方向。如图3-33a所示为基础特征和在指定参考面上绘制的不封闭草图轮廓，如果指定选择方向向内（图3-33a），指定拉伸的距离为"10"，则拉伸结果如图3-33b所示；如果指定选择方向向外（图3-33c），则拉伸结果如图3-33d所示。

4.修改拉伸特征

如果【拉伸】命令还没有结束，则可用工具条上的【选择方向步骤】、【范围步骤】和【处理步骤】按钮进行修改，进入对应的特征编辑环境。

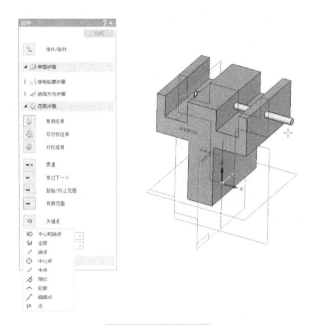

图 3-31　有限范围　　　　　　　　　图 3-32　完成拉伸

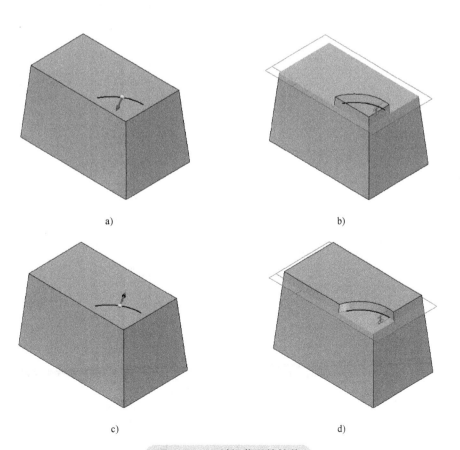

a)　　　　　　　　　　　　　　　　　b)

c)　　　　　　　　　　　　　　　　　d)

图 3-33　不封闭草图的拉伸

在工作区单击零件特征或者从路径查找器中选取需修改的特征，系统弹出左键菜单，如图 3-34 所示，根据需要利用菜单选项进行编辑、修改和操作。其中【编辑定义】🔍、【编辑轮廓】✏️和【动态编辑】📝选项可对选定特征进行编辑和修改。

图 3-34　左键菜单

这里仅以拉伸特征的修改方式进行说明，后面所有的特征都可以采用同样的方法进行编辑、修改，后文将不再赘述。

3.5.2　旋转

【旋转】命令通过指定旋转轴旋转指定草图轮廓而生成旋转特征。旋转特征的创建与拉伸特征基本相同，只是在草图阶段需要定义一个旋转轴。

1. 生成基础旋转特征

1）打开零件模型 3-5-2.par，在【特征】选项卡的【特征】功能区单击【旋转】📦，选择旋转轴和轮廓进行旋转特征的创建，如图 3-35 所示。

2）在工具条中指定旋转方式，旋转的方式有旋转360°、旋转指定角度、旋转到指定关键点，还可以指定为单向旋转或者对称旋转，如图 3-36 所示。

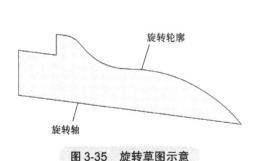

图 3-35　旋转草图示意

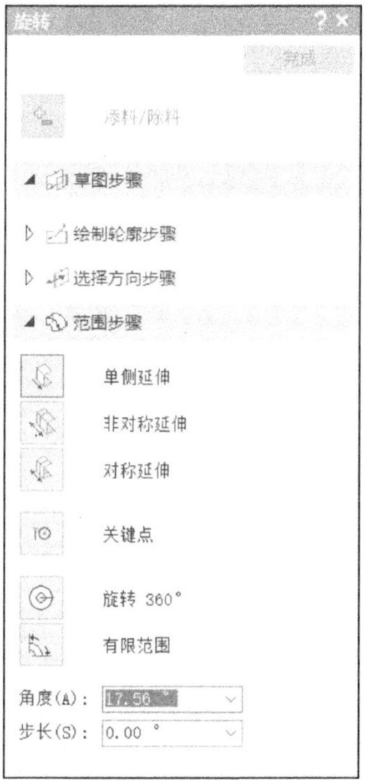

图 3-36　【旋转】工具条

如果单击【旋转360°】⊙，生成的旋转特征如图 3-37a 所示；如果单击【有限范围】⚒️，输入角度"270°"，指定方向为顺时针，生成的单向旋转特征如图 3-37b 所示；如果单击【有限范围】⚒️，选择【对称旋转】，输入角度为"270°"，生成的旋转特征如图 3-37c 所示。

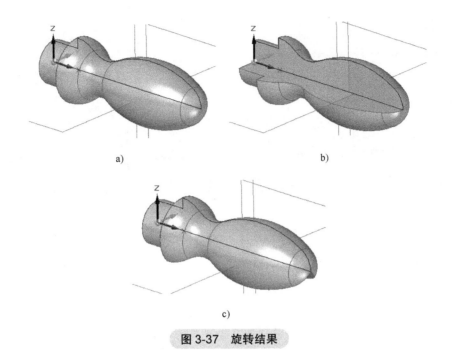

a)　　　　　　　　　　　b)

c)

图 3-37　旋转结果

3）完成旋转特征后，单击【完成】按钮，完成旋转特征的创建。

当前旋转特征为基础特征时，草图轮廓必须是封闭的。当有多个草图轮廓绕同一旋转轴旋转时，所有草图轮廓必须是封闭的。当已经有草图轮廓时，执行【旋转】命令，然后单击【从草图选择】，选择草图轮廓和旋转轴后进行旋转。

2. 在基础特征上创建新的旋转特征

与【拉伸】命令类似，【旋转】命令也可以在已有的特征基础上，绘制或选取不封闭的草图轮廓，激活【选择方向步骤】 按钮，指定旋转方向和方式，创建旋转特征。

3.5.3　扫掠

【扫掠】命令创建的是由一个或几个截面沿一条或几条（最多三条）路径扫描而成的实体，可以分为单一路径和横截面与多个路径和横截面两种。路径可以用草图轮廓或其他实体的边表示，横截面必须是封闭的，且与所有路径相交。

扫描所需的路径和横截面，一般都是在执行【扫掠】命令前，用草图命令先绘制好草图轮廓，供需要时选取。

1. 沿单一路径和横截面扫描

该特征由指定的一个横截面沿一条路径扫描而成，操作步骤如下：

1）打开零件模型 3-5-3.par，在【特征】选项卡的【特征】功能区单击【添料】下面的【扫掠】 ，弹出如图 3-38 所示的【扫掠选项】对话框，选择【单一路径和横截面】，单击【确定】。

2）在弹出的如图 3-39 所示的【扫描】工具条中，先选择扫描路径，即选取图 3-40 所示的路径曲线，单击【接受】 。

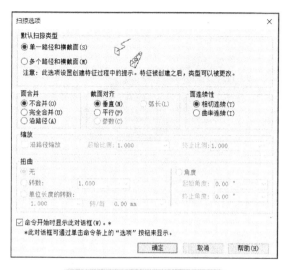

图 3-38 【扫掠选项】对话框　　　　　图 3-39 【扫描】工具条

3）选择横截面步骤。选取图 3-40 所示的横截面草图，单击【完成】后完成沿单一路径和横截面的扫描特征的创建，生成如图 3-41 所示的扫描特征。如果在【扫掠选项】对话框中选择截面对齐方式为平行时，指定横截面轮廓与横截面轮廓平面始终保持平行关系，则生成如图 3-42 所示的特征。

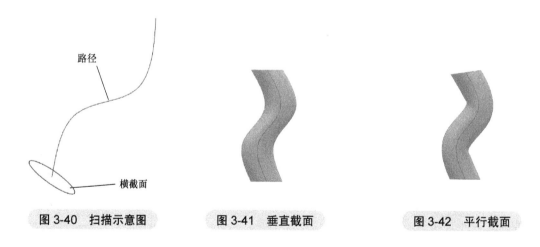

图 3-40　扫描示意图　　　　　图 3-41　垂直截面　　　　　图 3-42　平行截面

2. 沿多个路径和横截面扫描

选择多个路径和横截面，注意所有的路径必须与横截面相交。操作步骤如下：

1）打开零件模型 3-5-4.par，在【特征】选项卡的【特征】功能区单击【添料】下面的【扫掠】，弹出【扫掠选项】对话框，选择【多个路径和横截面】，单击【确定】。

2）依次选择路径，单击【接受】进行下一个路径的选择，但是最多只能选择三条路径，在不需要三条路径的情况下单击【下一步】按钮进入横截面选取环节，当选取完第三条路径后，软件会自动跳转至横截面选取环节。按照图 3-43a 所示选择路径和横截面，完成多个路径和横截面的扫描特征的创建，如图 3-43b 所示。

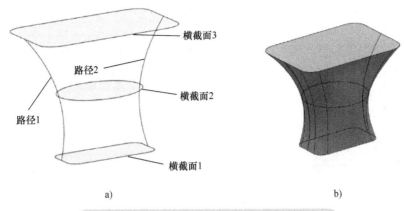

图 3-43 多个路径和横截面扫描示意图和结果

如果在执行【扫描】命令前没有绘制扫描路径和横截面，可以在执行过程中使用创建草图命令创建需要的局部草图，但是如果出现造型失败的情况，那么软件将不会保留之前创建的草图。对于多条路径，必须在多个草图中绘制完成，在单个草图中绘制的多条路径将不能正确参与扫描特征的创建。

3.5.4 放样

【放样】命令是通过多个截面轮廓来构建放样特征的，可以定义多个横截面和路径，但是截面必须是封闭的平面轮廓线，所有的截面必须与路径相交。

与扫描特征一样，可以先用草图绘制命令提前绘制完成横截面和路径作为全局草图进行使用，在执行【放样】命令的过程中，即使造型失败也不会影响草图。不同于扫描特征的是，放样可以没有路径，也支持超过三条路径。

放样特征的操作步骤如下：

1）打开零件模型 3-5-5.par，在【特征】选项卡的【特征】功能区单击【添料】下面的【放样】🔷，弹出如图 3-44 所示的【放样】工具条。

2）【放样】工具条默认步骤为指定横截面，以此选取横截面，注意选择横截面的起点，起点不同会导致放样特征的形状不同，选择完横截面后，单击【预览】，得到如图 3-45a 所示零件。

3）【引导曲线步骤】：指定引导线，即放样的路径。如果不需要引导线，则跳过此步骤。

4）【范围步骤】：定义放样的方式，单击该按钮后，出现如图 3-46 所示的工具条。默认方式为有限拉伸（不封闭），两点截面为【自然】，生成的特征如图 3-45a 所示。如果两端横截面为【垂直于端面】，则

图 3-44 【放样】工具条（一）

强制约束各截面顶点的放样连续垂直于各截面，如图 3-45b 所示。如果在图 3-46 所示的工具条中选取封闭、两端自然，则生成的特征如图 3-45c 所示。

5）完成放样特征的创建。预览得到所需的形状后，单击【完成】，结束【放样】命令。

在图 3-44 所示工具条中，选取【绘制草图】 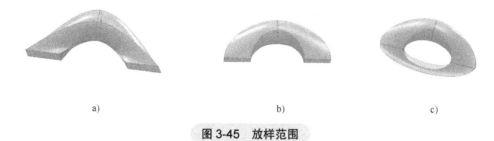，可在命令执行过程中编辑绘制横截面或者路径，如果需要创建草图，可以直接单击图 3-44 所示工具条中的重合平面或者其他平面命令，在【横截面步骤】或【引导曲线步骤】中所绘制的截面或者路径称为局部草图，如果造型失败，软件不会保留草图信息。

a)   b)   c)

图 3-45　放样范围

选择图 3-46 所示工具条的【顶点映射】 ，可以通过更改横截面上的映射点来控制放样体。

图 3-46　【放样】工具条（二）

3.5.5　螺旋

【螺旋】命令用来创建螺旋特征。螺旋特征是以螺旋线为路径，通过横截面沿螺旋线移动而创建的特征，因此，可以视为封装好的扫描特征，典型的零件有弹簧和蜗杆等。

下面以创建弹簧为例，说明【螺旋】命令的操作方法和步骤。

1）打开零件模型 3-5-6.par，在【特征】选项卡的【特征】功能区单击【添料】下面的【螺旋】 ，出现【螺旋】工具条，如图 3-47 所示，并提示选取参考平面，选择【从草图选择】。

在【螺旋】工具条上单击【选项】，弹出如图 3-48 所示的对话框，【螺旋选项】的默认方式为【平行】，即螺旋截面与轴线共面，【垂直】表示螺旋截面位于垂直于轴线的平面上。

2）依次选取图 3-49a 中的横截面和旋转轴，并指定螺旋的起始点。

如图 3-50 所示，单击【参数步骤】📑，有三种定义螺旋参数的方式：【轴长和螺距】，通过指定螺旋的轴长和螺距来定义螺旋的参数，轴长由上步操作中的轴的长度定义，圈数 = 轴长 / 螺距；【轴长和圈数】，通过指定螺旋的轴长和圈数来定义螺旋的参数，轴长由上步操作中的轴的长度定义，螺距 = 轴长 / 圈数；【螺距和圈数】，通过指定螺距和圈数来定义螺旋的参数，轴长 = 螺距 × 圈数。以上三种方式生成的螺旋特征默认为圆柱弹簧，旋向为右旋，如图 3-49b 所示。

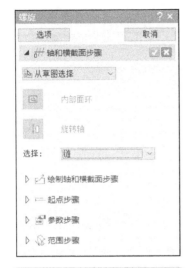

图 3-47　【螺旋】工具条（一）

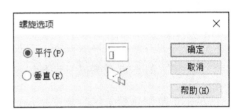

图 3-48　【螺旋选项】对话框

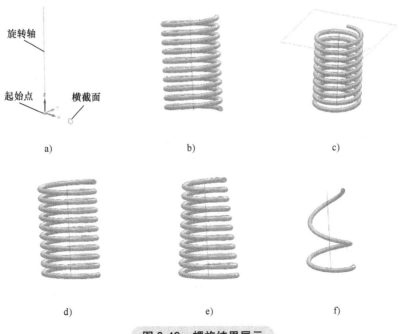

图 3-49　螺旋结果展示

3）【轴长和螺距】为默认方式，在【螺距】文本框中输入"10"，单击【下一步】，【螺旋】工具条如图 3-51 所示。

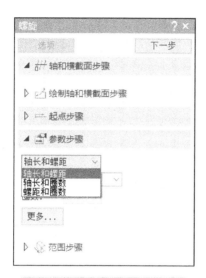

图 3-50 【螺旋】工具条（二）

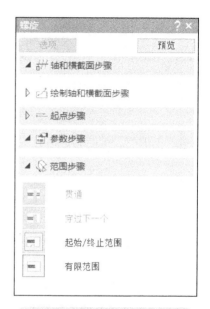

图 3-51 【螺旋】工具条（三）

单击【范围步骤】，定义螺旋的轴向长度。延伸方向有【起始/终止范围】和【有限范围】两种可选，默认为【有限范围】，即定义参数步骤所设置的轴长。也可选取，按指定两平面间的距离定义螺旋的轴向长度，如图 3-49c。

4）在图 3-51 所示的工具条中，单击【预览】，工具条变为如图 3-52 所示，如果需要对某一个步骤进行修改，单击左边的对应按钮便可返回至相应的操作步骤。单击【完成】，完成螺旋特征的创建，生成的螺旋特征如图 3-49b 所示。

在定义螺旋参数的步骤中，如果要对螺旋特征的参数进行更详细的定义，则单击图 3-50 中的【更多】，弹出如图 3-53 所示的对话框，可以对螺旋的参数进行进一步设置。

【右旋】和【左旋】可定义螺旋的旋向，当指定螺旋体的旋向为【左旋】时，生成的螺旋特征为左旋圆柱弹簧，如图 3-49d 所示。

【锥度】下拉列表可定义螺旋特征为圆柱或圆锥，圆柱

图 3-52 【螺旋】工具条（四）

螺旋的【锥度】为【无】选项，圆锥螺旋的【锥度】有【根据角度】和【根据半径】两个选项，具体方式有【向内】和【向外】两种。当指定【角度】为"5°"、向内、左旋时，生成的螺旋特征为圆锥弹簧，如图 3-49e 所示。

【螺距】下拉列表可定义螺距为【常量】和【变量】两种，当螺距为【变量】时，可按【螺距比】和【终止螺距】两种方式设置螺距的变化。当设置【螺距】为"10"、【螺距比】为"0.8"时，生成的螺旋特征为变螺距圆柱弹簧，如图 3-49f 所示。

3.5.6 法向添料

【法向添料】命令通过平面上的或投射于曲面上的闭合曲线和文本来构造与零件表面垂直的拉伸特征。该命令不常用，使用较多的情况是在曲面上法向拉伸轮廓，主要用于标识的凸雕或者凹雕等。

使用该命令前，必须先创建实体特征及拉伸用的文本、闭合曲线或轮廓。

1）打开零件模型 3-5-7.par，在【特征】选项卡的【特征】功能区单击【添料】下面的【法向】。

2）选取如图 3-54a 所示的曲线文本。选取方式有单一和链两种，如果选择单一可以进行框选。

3）指定拉伸的方向。选择指向外侧，输入拉伸高度值 "0.5"，单击【完成】，完成法向拉伸，在曲面上拉伸出如图 3-54b 所示的凸起特征。

图 3-53 【螺旋参数】对话框

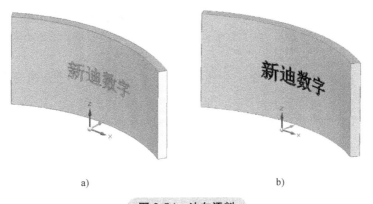

a)   b)

图 3-54 法向添料

3.5.7 除料

【除料】命令是【拉伸】的逆向操作，用于去除零件的材料。

所有的【除料】命令都需要在之前做好一个基础特征，否则命令为不可操作的灰色状态。

【除料】位于【特征】选项卡的【特征】功能区，【除料】命令的操作方法与【拉伸】命令类似，只是延伸的方向为除料的方向，这里不再赘述。与【拉伸】命令一样，【除料】命令的草图轮廓可以是封闭的，也可以是不封闭的。但当一次使用多个草图轮廓进行除料时，所有轮廓必须是封闭的。

3.5.8 旋转切割

【旋转切割】命令是【旋转】命令的逆向操作，用于旋转除去零件的材料。【旋转切割】

位于【特征】选项卡的【特征】功能区，其操作方法和【旋转】命令一样，这里不再赘述。图 3-55a 所示为封闭轮廓旋转切割的操作结果，图 3-55b 所示为不封闭轮廓旋转切割的操作结果。

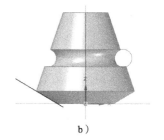

a）

3.5.9　扫掠除料

【扫掠除料】命令是【扫掠】命令的逆向操作。【扫掠除料】位于【特征】选项卡的【特征】功能区的【除料】下面，此处不再过多描述。

3.5.10　放样除料

【放样除料】命令是【放样】命令的逆向操作。【放样除料】位于【特征】选项卡的【特征】功能区的【除料】下面，此处不再过多描述。

b）

图 3-55　旋转切割

3.5.11　实体扫掠添料与实体扫掠除料

【实体扫掠除料】命令与【实体扫掠添料】命令基本一致，这里只介绍【实体扫掠除料命令】。顾名思义，实体扫掠是实体沿着扫掠路径进行扫掠。

1）打开零件模型 3-5-8.par，由于要对设计体 1 进行实体的操作，所以需要激活设计体 1，如图 3-56 所示。

2）在【特征】选项卡的【特征】功能区单击【除料】下面的【实体扫掠】，弹出如图 3-57 所示的工具条。

3）选取扫掠路径为螺旋曲线 1，单击，然后选取设计体 2 作为工具体，单击。

4）选择旋转拉伸 1 草图的旋转中心草图线作为旋转轴中心线，单击，创建如图 3-56 所示的特征。

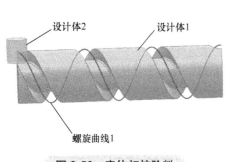

图 3-56　实体扫掠除料

图 3-57　【实体扫掠除料】工具条

3.5.12　螺旋除料

【螺旋除料】命令是【螺旋】命令的逆向操作。【螺旋除料】位于【特征】选项卡的【特征】功能区的【除料】下面,这里不再赘述。

3.5.13　法向除料

【法向除料】命令是【法向添料】命令的逆向操作。【法向除料】✎位于【特征】选项卡的【特征】功能区的【除料】下面,这里不再赘述。

3.5.14　孔

【孔】命令专门用来构造各种类型的孔。孔特征创建的基本过程为:选择参考面→设置孔的类型和参数→指定孔的位置→指定孔的延伸方向。

下面以图 3-58 所示的基础特征创建沉孔为例,说明操作方法和步骤。

1)单击【特征】选项卡的【特征】功能区的【孔】🔲,弹出如图 3-59 所示的工具条。

图 3-58　孔

图 3-59　【孔】工具条

2)指定孔所在的轮廓平面,使用重合平面的方式,单击图 3-58 所示顶部特征表面,进入草图环境,使用【孔圆】◎命令进行孔的绘制。

单击【孔】工具条上的【选项】,弹出如图 3-60 所示的对话框,在该对话框中可设置各种孔的类型及相应参数。

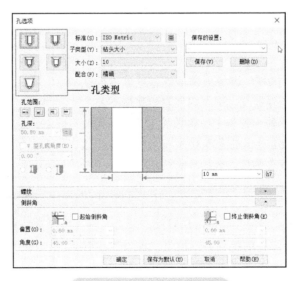

图 3-60　【孔选项】对话框

● **孔类型**：简单孔、螺纹孔、沉头孔、埋头孔和锥孔。选择对应的孔类型后，需要继续设置孔的标准和子类型及配合方式。

● **保存的设置**：天工 CAD 2023 可以对孔信息进行预设，以方便下次调用。

● **孔范围**：如拉伸方式一样，钻孔延伸方式也有如图 3-60 所示的四种。

● **螺纹**：如果选择的是螺纹孔类型，需要在【螺纹】处填写螺纹信息。

● **倒斜角**：如果需要对孔起始和终止位置进行处理，可以使用【倒斜角】功能进行设置。

孔的标准信息和标准参数是由孔标准数据库进行控制的，如果需要设置自定义孔标准信息和参数，可以单击【孔选项】对话框中的【打开所选标准的数据库】，弹出如图 3-61 所示的数据库文件，输入自定义孔参数信息，该文件默认保存在 "\ 安装目录 \Preferences\Holes" 文件夹中。

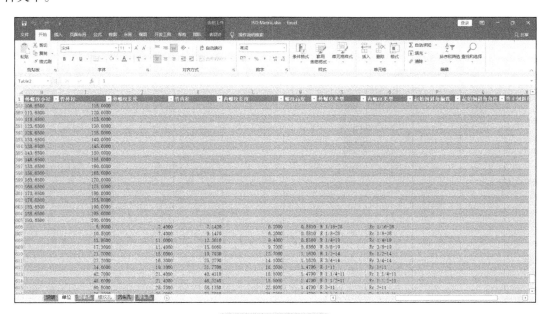

图 3-61　孔参数表

3.5.15　螺纹

【螺纹】命令可以对圆柱、圆锥面添加螺纹。此处的螺纹可以是内螺纹也可以是外螺纹。螺纹的创建步骤如下：

单击【特征】选项卡的【特征】功能区的【孔】下面的【螺纹】，弹出如图 3-62 所示的【螺纹选项】对话框，选择螺纹的标准、类型和锥角参数。选择螺纹的匹配方式：内螺纹、外螺纹。

3.5.16　槽

【槽】命令用于构造零件的键槽，键槽是机械设计中常见的特征。

1）单击【特征】选项卡的【特征】功能区的【孔】下

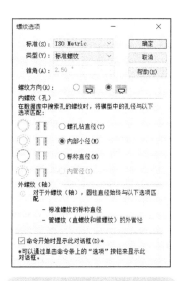

图 3-62　【螺纹选项】对话框

面的【槽】 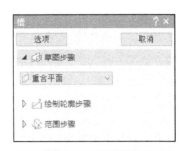，弹出如图3-63所示的【槽】工具条。

2）单击【选项】，弹出如图3-64所示的【槽选项】对话框，对槽的参数进行设置（槽宽度：确定槽的宽度；槽类型：目前槽有【平端】和【圆弧端】两种类型；沉头孔：可以创建带有沉头孔特征的槽）。设置好槽参数后，单击【确定】。

3）绘制槽草图。如果已经绘制了草图，可以直接选择【从草图选择】；如果没有绘制槽草图，可以选择参考平面进行槽草图的绘制。

4）绘制完成后，单击【关闭草图】，弹出如图3-65所示的工具条，选择槽绘制的延伸方式，单击【完成】，完成槽特征的创建，如图3-66所示为各种槽类型。

图 3-63　【槽】工具条（一）

图 3-64　【槽选项】对话框

图 3-65　【槽】工具条（二）

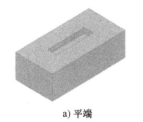

a）平端

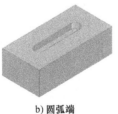

b）圆弧端

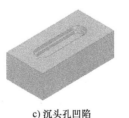

c）沉头孔凹陷

d）沉头孔凸起

图 3-66　槽结果示意图

3.5.17　拔模

【拔模】命令能够在一个或者多个面上构造拔模斜度。

1. 拔模的基本操作方法和步骤

1）单击【特征】选项卡的【特征】功能区的【拔模】 ，弹出如图3-67所示的【拔模】

工具条。

2）定义拔模方式。单击【拔模】工具条上的【选项】，弹出如图3-68所示的【拔模选项】对话框。有多种拔模特征的创建方式，分别是从平面、从边、从分型面、从分型线、分割拔模和阶梯拔模。

3）以从平面拔模为例，选取如图3-69所示的零件上表面为基准平面。

4）指定倾斜平面。选取图3-69所示的倾斜平面，在工具条中输入拔模角度。

5）单击 ，然后指定拔模方向，如图3-69所示，移动光标可以更改拔模方向。单击【完成】，结束拔模特征的创建。

图3-67 【拔模】工具条

图3-68 【拔模选项】对话框

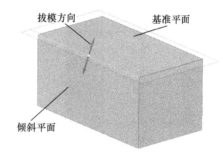

图3-69 从平面拔模示意图

2. 定义斜度的方法

在【拔模选项】对话框中，有几种方式可以定义拔模的斜度，【从平面】为默认的方式。如果执行拔模过程中没有单击【选项】，那么软件会自动执行从平面进行拔模。下面以图示对各种拔模方式进行操作方法的展示。

● **从平面**：选择一个位于零件表面或中心的参考平面来定义拔模斜度，如图3-69所示。

● **从边**：选择一个特征的边来定义拔模特征，如图3-70所示。

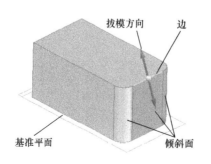

图3-70 从边拔模示意图

● **从分型面**：选择一个曲面来定义拔模斜度，如图3-71所示。

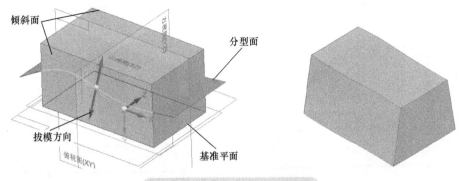

图 3-71 从分型面拔模示意图

● **从分型线**：选择一条分型线来定义拔模特征，如图 3-72 所示。

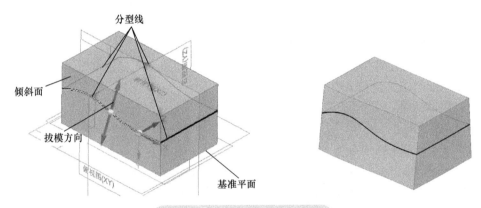

图 3-72 从分型线拔模示意图

● **分割拔模**：分割拔模方式是【从分型线】的子项，以分型线为界，两边使用不同的拔模斜度，如图 3-73 所示。

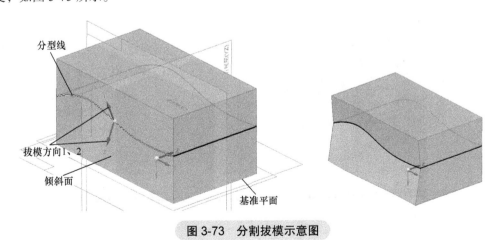

图 3-73 分割拔模示意图

● **阶梯拔模**：阶梯拔模方式也是【从分型线】的子项，以分型线为界，产生阶梯式拔模效果。阶梯拔模又有垂直阶梯面和锥形阶梯面两种方式，默认为垂直阶梯面，拔模创建的台阶面与拔模表面垂直；锥形阶梯面指产生的台阶面与拔模表面倾斜相交，如图 3-74 所示。

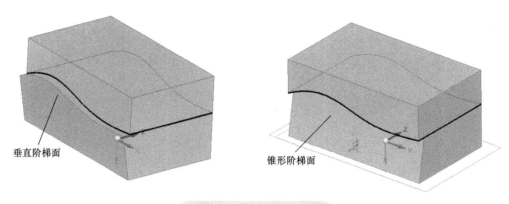

垂直阶梯面

锥形阶梯面

图 3-74　阶梯拔模示意图

3.5.18　倒圆

【倒圆】命令是在零件的一个或多个边上增加圆角。可以使用恒定半径、可变半径、混合倒圆和曲面倒圆的方式进行倒圆。

1. 恒定半径倒圆

以图 3-75 为例进行说明。

1）单击【特征】选项卡的【特征】功能区的【倒圆】 ，选择要倒圆的边，选取图 3-75 所示零件的一条边。

2）输入倒圆的半径，单击 ，然后单击【预览】，最后单击【完成】，或者在空白区域两次单击鼠标右键，完成【倒圆】命令。

在选择要倒圆的边步骤中，可在图 3-76 所示工具条的【选择】下拉列表中指定选择方式，以快速选定。当同时选定零件的三条边时，所产生的倒圆如图 3-75 所示。

图 3-75　恒定半径倒圆

图 3-76　【倒圆】工具条

2. 可变半径倒圆

1）单击【特征】选项卡的【特征】功能区的【倒圆】 ，在【倒圆】工具条上单击【选项】，弹出如图 3-77 所示的对话框，选取【可变半径】，单击【确定】。

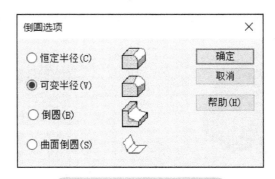

图 3-77 【倒圆选项】对话框

2）单击要倒圆的边线，然后选择顶点 A，输入倒圆半径 "2"，单击 ☑；选择中点 B，输入倒圆半径 "5"，单击 ☑；选择顶点 C，输入倒圆半径 "3"，单击 ☑，完成可变半径倒圆，如图 3-78 所示。

可变半径倒圆至少需要输入两个点的半径值，半径值可以为 "0"。

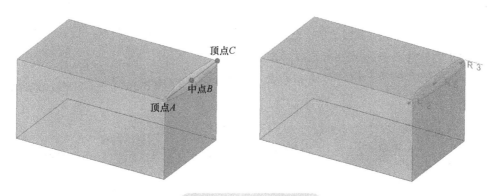

图 3-78 可变半径倒圆

3. 混合倒圆

混合倒圆对两个相邻的表面进行倒圆。为了理解混合倒圆的作用，可以想象用一个圆球滚过需要倒圆的边角，在此过程中，圆球将多余的材料除去，并将空隙处填满材料。混合倒圆可以处理倒圆半径大于平面高度的情况。本书不做详细描述。

4. 曲面倒圆

曲面倒圆可以处理两个曲面之间的倒圆。本书不做详细描述。

3.5.19 倒斜角

【倒斜角】命令以平面的方式在零件的一个或多个边角上切割。有三种切割方式：深度相等、角度和深度、2 个深度。

1. 深度相等

以图 3-79 为例进行说明。

单击【特征】选项卡的【特征】功能区的【倒圆】下面的【倒斜角】 🔷，弹出如图 3-80 所示的工具条。选取要倒角的边，输入深度值为 "5"，单击 ☑。单击【完成】，完成倒斜角的创建。

在轴类零件设计中，轴端部经常有"2×45°"之类的倒角标注，即为深度相等的倒角。

图 3-79　倒斜角（一）

图 3-80　【倒斜角】工具条（深度相等）

2. 角度和深度

1）单击【倒斜角】工具条上的【选项】，弹出如图 3-81 所示的【倒斜角选项】对话框，选择【角度和深度】，单击【确定】。

2）指定一个基准面：选取如图 3-82 所示的平面 A，单击【接受】 ，弹出如图 3-83 所示的工具条。

3）选取要倒角的边，输入深度和角度，单击 ，完成倒斜角的创建。

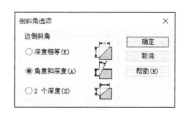

图 3-81　【倒斜角选项】对话框

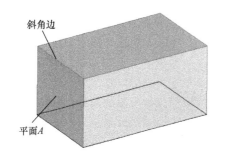
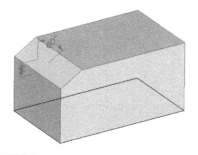

图 3-82　倒斜角（二）

图 3-83　【倒斜角】工具条（角度和深度）

3．2 个深度

操作方法和步骤与【角度和深度】基本相同，不同之处在于：在【倒斜角选项】对话框中选择【2 个深度】，单击【确定】，弹出的工具条如图 3-84 所示，需要在【深度 1】和【深度 2】中输入两个深度值。

图 3-84 【倒斜角】工具条（2 个深度）

3.5.20 阵列

【阵列】命令是指根据一个原始特征，在一个平面上进行有规律的复制。天工 CAD 2023 支持的阵列方式有矩形阵列、圆形阵列、沿曲线阵列、按表格阵列、复制。

1．矩形阵列

1）打开零件模型 3-5-9.par，单击【特征】选项卡的【阵列】功能区的【阵列】，弹出如图 3-85 所示的工具条。

2）选择阵列原始特征。在图 3-86 中选择"孔 1"，单击或在绘图区空白处单击鼠标右键，确认选择了需要阵列的特征。

3）指定阵列模式：单击其中的一种作为阵列模式。目前阵列模式有【智能】和【快速】两种，建议选择智能模式。

图 3-85 【阵列】工具条

4）指定参考面：选取图 3-86a 所示零件的上表面为阵列轮廓平面，进入到轮廓阵列环境。

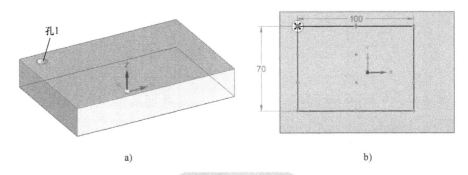

a)　　　　　　　　　　　　　b)

图 3-86 阵列草图

确认选择了【矩形阵列】，否则需要在【草图】选项卡的【特征】功能区，对【矩形阵列】和【圆形阵列】进行切换。

5）在如图 3-87 所示的工具条中设置阵列方式和参数，阵列方式默认为【适合】，输入 X 方向阵列数目为"3"，Y 方向阵列数目为"4"，系统得出 4 行 3 列布局的阵列。

阵列方式有三种：适合、填充、固定。

● 适合：在指定矩形轮廓内，输入 X 方向的阵列数目和 Y 方向的阵列数目。阵列间距由系统确定。

● 填充：在指定矩形轮廓内，输入 X 方向的阵列间距和 Y 方向的阵列间距。阵列数目由系统确定。

● **固定**：分别输入 X 方向和 Y 方向的阵列数目和阵列间距。

6）设置阵列范围：按提示单击两个对角点画出一个矩形，第一点捕捉孔的圆心，并标注尺寸对其大小和角度进行约束，如图 3-86b 所示。然后关闭草图，完成阵列范围轮廓的绘制，单击【完成】，完成孔特征阵列的创建。

下面对图 3-87 所示【矩形阵列】工具条上的其他按钮进行说明。

● **交错选项** ：单击该按钮，弹出如图 3-88 所示的对话框，可设置矩形阵列按行交错或按列交错，交错量默认为【交错 =1/2 偏置】。在之前的【适合】阵列方式中，如果交错选项选择【行】，交错阵列结果如图 3-89a 所示；如果选择【列】，交错阵列结果如图 3-89b 所示。

图 3-87 【矩形阵列】工具条

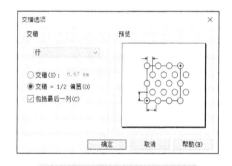

图 3-88 【交错选项】对话框

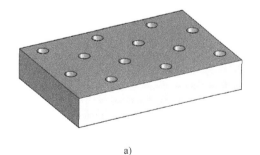

a)

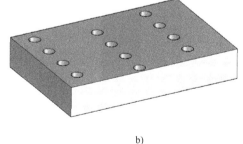

b)

图 3-89 交错阵列结果

● **参考点** ：单击该按钮，可在轮廓阵列环境中重新指定原始特征的位置，改变阵列中其他特征点，从而改变整个阵列的位置。

● **抑制事例** ：单击该按钮，进入轮廓草图环境，选择需要抑制的位置点，对不需要位置点的阵列元素进行抑制。对于已经抑制复制的特征，再次单击【抑制事例】 按钮，选择对应元素后，又可恢复被抑制的特征。

● **抑制区域** ：单击该按钮，选择封闭的轮廓形状，在该封闭区域中的阵列元素会被全部抑制。

2．圆形阵列

圆形阵列的操作与矩形阵列非常相似，下面以法兰的安装孔为例进行说明。

1）打开零件模型 3-5-10.par，单击【特征】选项卡的【阵列】功能区的【阵列】 ，在工具条上选择【智能】阵列模式。

2）选择图 3-90a 中的"孔 1"作为基础阵列特征。

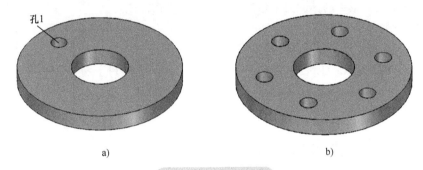

孔1

a) b)

图 3-90　圆形阵列

3）指定参考面：指定零件上表面为参考面，进入到轮廓阵列环境。

4）单击【圆形阵列】 ，出现如图 3-91 所示的工具条，设置圆形阵列的方式和参数，选取阵列方式为【适合】，阵列个数为"6"。

图 3-91　【圆形阵列】工具条

阵列方式有适合和填充两种。

● **适合**：通过指定均布在阵列圆或圆弧上特征的数目来控制阵列方式。特征间距（圆心角）由软件自动计算。

● **填充**：通过指定特征在阵列圆或圆弧上的间距（圆心角）来控制阵列方式。阵列特征的数目由软件自动计算。

5）绘制阵列圆或圆弧：【圆形阵列】工具条默认方式为圆，捕捉基础圆柱特征的圆心，移动光标确定圆的半径或在【半径】文本框中输入半径值。移动光标指定阵列方向后，在工作区中单击确定阵列方向。然后关闭草图退出阵列轮廓环境，单击【完成】，结束圆形阵列特征的创建，如图 3-90b 所示。

【圆形阵列】工具条中的其他命令参考矩形阵列的操作方式。

3. 沿曲线阵列

沿曲线阵列方式是将基础特征沿着曲线进行阵列。

1）打开零件模型 3-5-11.par，单击【特征】选项卡的【阵列】功能区的【阵列】下面的【沿曲线】 ，弹出如图 3-92 所示的工具条，在工具条上选择【智能】阵列模式。

2）选择图 3-93 中的"孔 1"作为基础阵列特征。

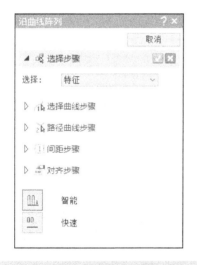

图 3-92 【沿曲线阵列】工具条（一）

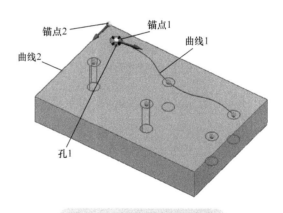

图 3-93 沿曲线阵列示意图

3）选择阵列曲线为图 3-93 所示的曲线 1，指定锚点（阵列起始点）为孔 1 圆心，输入偏置值，指定阵列方向，单击 ，弹出如图 3-94 所示的工具条。

4）选择阵列曲线为图 3-93 所示的曲线 2，指定锚点（阵列起始点）为特征线的起始点，输入偏置值，指定阵列方向，单击 。

阵列曲线既可以是曲线，也可以是直线或者特征线。

5）设置阵列方式：目前阵列方式有适合、填充、固定和弦长，参见矩形阵列的参数介绍。

6）单击【下一步】，弹出如图 3-95 所示的工具条，单击【预览】，确定特征形状后，单击【完成】，完成沿曲线阵列特征的创建。

在图 3-95 所示的工具条中设置阵列特征与曲线的位置关系，如果曲线在曲面上，可以选择

【使用曲面跟随】进行特征的阵列。

- **简单**：所阵列的特征始终与基础特征保持相同的角度。
- **跟随曲线**：所阵列的特征与曲线的角度始终保持和基础特征与曲线的角度相同。
- **跟随曲弦**：所阵列的特征与曲弦的角度始终保持和基础特征与曲弦的角度相同。
- **使用曲面跟随**：阵列实例沿着曲面进行变化。
- **使用平面跟随**：阵列实例沿着平面进行变化。

图 3-94 【沿曲线阵列】工具条（二）

图 3-95 【沿曲线阵列】工具条（三）

3.5.21 镜像

1. 镜像复制特征

【镜像复制特征】命令以指定的平面为对称面，镜像复制特征。复制后的特征与原始特征相关，如果原始特征被更改或删除，则镜像的特征也会随之更新。

下面以图 3-96 所示为例，说明【镜像复制特征】命令的基本操作步骤。

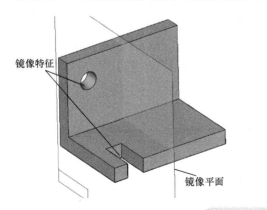
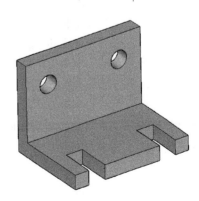

镜像特征

镜像平面

图 3-96 镜像

1）单击【特征】选项卡的【阵列】功能区的【镜像】下面的【镜像复制特征】 ，弹出如图3-97所示的工具条，在工具条上选择【智能】阵列模式。

2）选择镜像特征：在模型上选择要镜像的特征。

3）选取镜像平面：选择作为镜像的平面，然后单击 ，单击【完成】，完成特征的镜像操作。

2. 镜像复制零件

【镜像复制零件】命令以指定的平面为对称面，镜像复制整个零件。镜像复制零件的操作方式与镜像复制特征的操作基本相同，只是单击【特征】选项卡的【阵列】功能区的【镜像】下面的【镜像复制零件】 ，需要对镜像的对象进行选择，选择的对象可以是面、边、链、特征或体，如图3-98所示。

图3-97 【镜像复制特征】工具条

图3-98 【镜像复制零件】工具条

3.5.22 筋

【筋】命令用于给已有的零件添加加强筋，加强筋是工程零件中常见的结构。操作步骤如下：

1）单击【特征】选项卡的【特征】功能区的【抽壳】下面的【筋】 ，弹出如图3-99所示的工具条。

2）绘制轮廓步骤 。如果已经提前绘制了筋板轮廓草图，可以选择【从草图选择】；如果没有提前绘制筋板轮廓草图，可以选择参考面后进行筋板轮廓的绘制。

3）方向步骤 。工具条如图3-100所示，定义草图轮廓投射的方向和肋板的厚度，输入肋板厚度为"5"，移动光标会出现上、下、左、右四个箭头，表示草图轮廓投射的方向。当箭头与指定参考面垂直时，表示创建的是一块腹板；若箭头与指定参考面平行，则创建的是肋板。需要注意的是，草图投射线在轮廓方向必须有终止特征。

图3-100所示【筋】工具条中各选项的含义：

● **延伸轮廓** ：延伸草图轮廓的两端直到与零件表面相交，为默认的延伸方式。

● **不延伸** ：不延伸草图轮廓的两端。

● **延伸到下一个** ：沿指定方向延伸到与下一表面相交。

● **有限深度** ：设置肋板的延伸距离。单击该按钮，工具条上出现【深度】文本框，在文本框中输入要延伸的距离。

图 3-99 【筋】工具条（一）

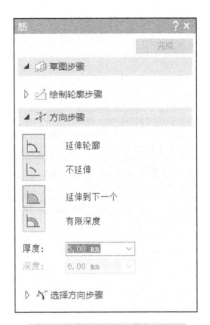

图 3-100 【筋】工具条（二）

4）选择方向步骤 。移动光标会显示三个方向箭头，分别为向左、向右和对称，即以草图轮廓为基准，向左侧、右侧或对称扩展指定的厚度。

5）单击【完成】，完成肋板特征的创建。

3.5.23　网格筋

【网格筋】命令用于在一个区域内建立一个网格状筋板，网格筋常用于给一些薄壁零件增加强度，是机械零件中常见的结构。

该命令是在已有薄壁零件的基础上来执行的，在图 3-101 所示的薄壁零件上创建网格筋，其操作步骤如下：

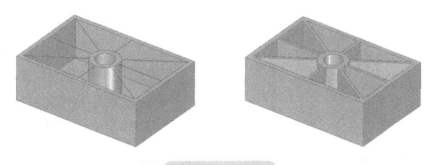

图 3-101　网格筋

1）单击【特征】选项卡的【扣合特征】功能区的【网格筋】 ，弹出如图 3-102 所示的工具条。

2）绘制轮廓步骤 。如果没有提前绘制网格筋轮廓草图，则选定参考面，进入草图环境；如果已经提前绘制了网格筋轮廓草图，那么选择【从草图选择】，单击 ，弹出如图 3-103 所示的工具条。

图 3-102 【网格筋】工具条（一）

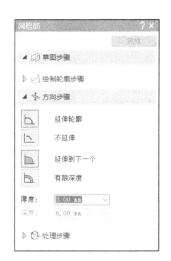

图 3-103 【网格筋】工具条（二）

3）方向步骤 。在【厚度】文本框中输入肋板厚度，移动光标指定延伸方向。单击【完成】，完成网格筋的创建。

3.5.24 抽壳

【抽壳】命令是将一个零件实体的内部挖空，留下实体的外壳，成为薄壁零件。操作步骤如下：

1）打开零件模型 3-5-12.par，单击【特征】选项卡的【特征】功能区的【抽壳】 ，弹出如图 3-104 所示的工具条。

2）同一厚度 。薄壁生成的方式有三种：向外偏置 ，表示指定壁厚在实体表面外侧生成；向内偏置 ，表示壁厚在实体表面内测生成；对称 ，表示壁厚表面为对称面生成。软件默认的方式 ，即壁厚在实体表面内侧生成。在【同一厚度】文本框中输入厚度值为"5"，并按 <Enter> 键，出现如图 3-105 所示的工具条。

图 3-104 【抽壳】工具条（一）

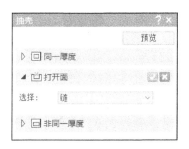

图 3-105 【抽壳】工具条（二）

3）打开面　。选择需要打开的面，选取图 3-106 所示的零件表面 A。

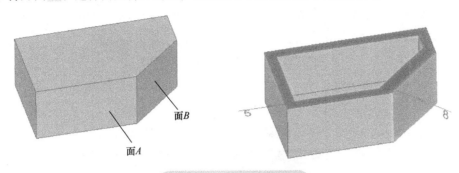

图 3-106　抽壳厚度示意

4）非同一厚度　。单击该按钮，工具条如图 3-107 所示，选择图 3-106 所示的面 B，在【非同一厚度】文本框中输入"8"，单击　。然后单击【预览】，完成薄壁特征的创建。

图 3-107　【抽壳】工具条（三）

3.5.25　薄壁区

【薄壁区】命令可对零件指定的部分进行抽壳，在指定区域形成薄壁特征。它与【抽壳】命令的区别在于：【抽壳】命令对整个零件的所有表面形成薄壁或开放面，而【薄壁区】命令仅对零件上指定区域的表面形成薄壁特征。在编辑复杂零件时，该命令非常有用。其操作步骤如下：

1）打开零件模型 3-5-13.par，单击【特征】选项卡的【特征】功能区的【抽壳】下面的【薄壁区】　，弹出如图 3-108 所示的工具条。

2）选择要抽壳的面。单击【薄壁区】工具条上的【薄壁面】　，选取图 3-109 所示的面 A、面 B 和面 C，输入薄壁厚度"3"，单击【接受】　。

图 3-108　【薄壁区】工具条（一）

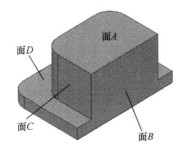
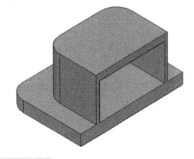

图 3-109　薄壁区

3）打开面凹。选取图3-109所示的面 B，单击【接受】☑，工具条如图3-110所示。

4）封盖面凹。选取用于覆盖薄壁区域的面（选取面 D），在图3-110中输入偏置值"0"，单击【接受】☑。

图 3-110 【薄壁区】工具条（二）

5）非同一厚度凹。选择面 A 输入单一厚度值为"6"，单击【接受】☑，然后依次单击【预览】和【完成】，完成薄壁区特征的创建。

第4章

应用特征

本章结合产品设计实例，介绍在顺序建模的环境下，零件建模的方法、技巧和思路等，让读者可以在短时间内熟练使用天工 CAD 2023 设计软件。本章主要以产品实例进行讲解，包括阀体模型实例、卡板模型实例、注入头夹持块模型实例、上刀轴模型实例、容器管板模型实例、箱盖模型实例、吊钩模型实例、翼形螺母模型实例等。

4.1 阀体模型实例

本节通过阀体模型实例，讲解旋转特征的应用，建模过程是先使用【旋转】命令生成基体部分，然后创建参考平面生成左右两端连接头，再使用【旋转切割】命令去除内部材料，最后添加圆角特征。零件模型及路径查找器如图 4-1 所示。

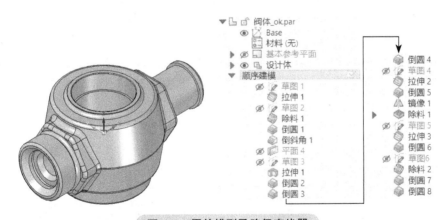

图 4-1 零件模型及路径查找器

操作步骤

步骤 1　选择零件模板

启动软件，选择【GB 公制零件 .par】模板新建一个零件，进入零件建模环境。

步骤 2　创建如图 4-2 所示的旋转特征 1

单击草图区域的【草图绘制】，选择前视图（XZ）作为草图平面，绘制如图 4-3 所示的草图 1，绘制完成后，单击【关闭草图】退出草图。单击【特征】区域的【旋转】，在【旋转】工具条上选择【从草图选择】，在【选择】下拉列表中选择【链】，然后在图形区选择草图 1，单击【旋转】工具条上的【接受】，选择如图 4-3 所示的标识线段作为旋转特征 1 的【旋转轴】，单击【完成】，完成旋转特征 1 的创建。

图 4-2　旋转特征 1

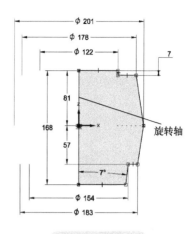

图 4-3　草图 1

在需要单击【接受】和【完成】的场景，单击鼠标右键，可以达到相同的效果。这种情况单击鼠标右键，相当于"确定"和"完成"的意思。

步骤 3　创建如图 4-4 所示的旋转切割特征 1

单击草图区域的【草图绘制】 ✐，选择前视图（XZ）作为草图平面，绘制如图 4-5 所示的草图 2，绘制完成后，单击【关闭草图】 ✓退出草图。单击【特征】区域的【旋转切割】 ⬡，在【旋转切割】工具条上选择【从草图选择】，在【选择】下拉列表中选择【链】，然后在图形区选择草图 2，单击【旋转切割】工具条上的【接受】 ☑，选择如图 4-5 所示的标识线段作为旋转切割特征 1 的【旋转轴】 ⬚，最后单击【完成】，完成旋转切割特征 1 的创建。

图 4-4　旋转切割特征 1

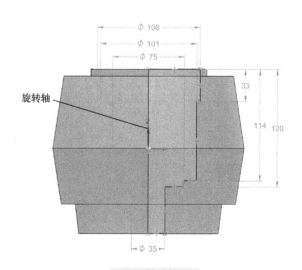

图 4-5　草图 2

步骤 4　创建如图 4-6 所示的倒圆 1

单击【特征】区域的【倒圆】 ⬢，在【倒圆】工具条上【选择】下拉列表中选择【链】，在【半径】文本框中输入"6"，按 <Tab> 键，选择如图 4-6 所示的边线作为要倒圆的边线，在【倒圆】工具条上单击【接受】 ☑，再单击【预览】，最后单击【完成】，完成倒圆 1 的创建。

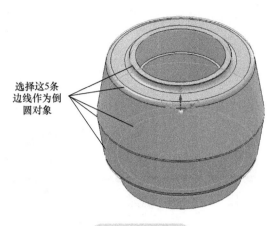

选择这5条边线作为倒圆对象

图 4-6　倒圆 1

步骤 5　创建如图 4-7 所示的倒斜角 1

单击【特征】区域的【倒斜角】 ，在【倒斜角】工具条上单击【选项】，打开【倒斜角选项】对话框，选择【深度相等】，然后单击【确定】关闭对话框。在【倒斜角】工具条上【选择】下拉列表中选择【链】，在【深度】文本框中输入"1"，按 <Tab> 键，选择如图 4-7 所示的边线作为要倒斜角的边线，在【倒斜角】工具条上单击【接受】 ，再单击【预览】，最后单击【完成】，完成倒斜角 1 的创建。

步骤 6　创建如图 4-8 所示的平面 4

在【平面】区域单击【更多平面】 ，选择【平行】 ，选择右视图（YZ）作为参考平面，在【平行】工具条上【距离】文本框中输入"111"，按 <Tab> 键，在图形区 X 轴正方向单击，以确定平面 4 的放置方向，按 <Esc> 键退出当前命令，完成平面 4 的创建。

选择这两条边线作为倒斜角对象

平面4

图 4-7　倒斜角 1

图 4-8　平面 4

步骤 7　创建如图 4-9 所示的拉伸特征 1

单击草图区域的【草图绘制】 ，选择平面 4 作为草图平面，绘制如图 4-10 所示的草图 3，绘制完成后，单击【关闭草图】 退出草图。单击【特征】区域的【拉伸】 ，在【拉伸】工具条上选择【从草图选择】，在【选择】下拉列表中选择【链】，然后在图形区选择草图 3，单击【拉伸】工具条上的【接受】 ，单击【穿过下一个】 ，在图形区 X 轴负方向单击，以确定拉伸特征 1 的成型方向。在【拉伸】工具条上单击【完成】，完成拉伸特征 1 的创建。

步骤 8　创建如图 4-11 所示的倒圆 2

选取如图 4-11 所示的边线作为要倒圆的对象，圆角半径为 15mm。

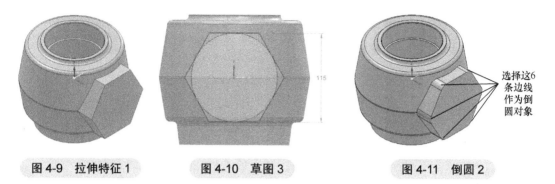

选择这6
条边线
作为倒
圆对象

图 4-9　拉伸特征 1　　　　图 4-10　草图 3　　　　图 4-11　倒圆 2

步骤 9　创建如图 4-12 所示的倒圆 3

选取如图 4-12 所示的边线作为要倒圆的对象，圆角半径为 10mm。

步骤 10　创建如图 4-13 所示的倒圆 4

选取如图 4-13 所示的边线作为要倒圆的对象，圆角半径为 6mm。

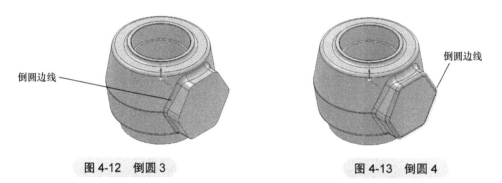

倒圆边线　　　　　　　　　　　　　　　　　倒圆边线

图 4-12　倒圆 3　　　　　　　　　　图 4-13　倒圆 4

步骤 11　创建如图 4-14 所示的旋转特征 2

单击草图区域的【草图绘制】 ，选择前视图（XZ）作为草图平面，绘制如图 4-15 所示的草图 4，绘制完成后，单击【关闭草图】 退出草图。单击【特征】区域的【旋转】 ，在【旋转】工具条上选择【从草图选择】，在【选择】下拉列表中选择【链】，然后在图形区选择草图 4，单击【旋转】工具条上的【接受】 ，选择如图 4-15 所示的标识线段作为旋转特征 2 的【旋转轴】 ，在【旋转】工具条上单击【完成】，完成旋转特征 2 的创建。

图 4-14　旋转特征 2

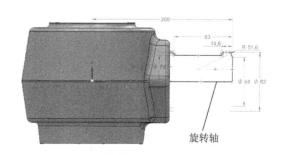

旋转轴

图 4-15　草图 4

步骤 12　创建如图 4-16 所示的倒圆 5

选取如图 4-16 所示的边线作为要倒圆的对象，圆角半径为 5mm。

步骤 13　创建如图 4-17 所示的镜像 1

单击【阵列】区域的【镜像】，选择拉伸特征 1、倒圆 2 和倒圆 3 作为要镜像复制的特征，单击【镜像】工具条上的【接受】，选择右视图（YZ）作为参考平面，单击【完成】，完成镜像 1 的创建。

图 4-16　倒圆 5

图 4-17　镜像 1

步骤 14　创建如图 4-18 所示的除料特征 1

单击【特征】区域的【除料】，在【除料】工具条上选择【重合平面】，选择如图 4-18 所示的特征表面作为草图平面，绘制如图 4-19 所示的截面草图，绘制完成后，单击【关闭草图】退出草图。在【除料】工具条上单击【有限范围】并确保它是橙色高亮的激活状态，在【距离】文本框中输入 "3"，按 <Tab> 键，在图形区 X 轴正方向单击，以确定除料特征 1 的成型方向。在【除料】工具条上单击【完成】，完成除料特征 1 的创建。

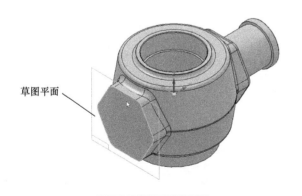

图 4-18　除料特征 1

图 4-19　截面草图

步骤 15　创建如图 4-20 所示的旋转特征 3

选择前视图（XZ）作为草图平面，绘制如图 4-21 所示的草图 5。单击【特征】区域的【旋转】，在图形区选择草图 5，选择如图 4-21 所示的标识线段作为旋转特征 3 的【旋转轴】。

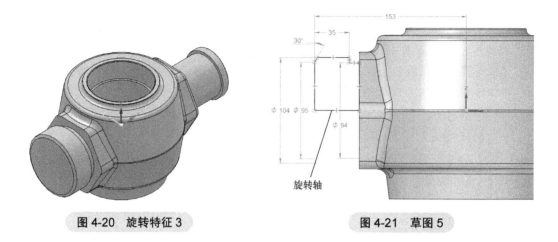

图 4-20　旋转特征 3　　　　　　　　图 4-21　草图 5

步骤 16　创建如图 4-22 所示的倒圆 6

选取如图 4-22 所示的边线作为要倒圆的对象，圆角半径为 6mm。

倒圆边线

图 4-22　倒圆 6

步骤 17　创建如图 4-23 所示的旋转切割特征 2

选择前视图（XZ）作为草图平面，绘制如图 4-24 所示的草图 6。单击【特征】区域的【旋转切割】，在图形区选择草图 6，选择如图 4-24 所示的标识线段作为旋转切割特征 2 的【旋转轴】。

图 4-23　旋转切割特征 2

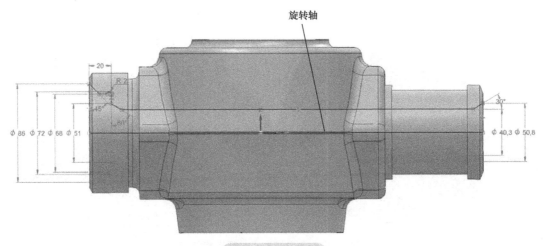

旋转轴

图 4-24 草图 6

步骤 18 创建如图 4-25 所示的倒圆 7

选取如图 4-25 所示的边线作为要倒圆的对象，圆角半径为 3mm。

步骤 19 创建如图 4-26 所示的倒圆 8

选取如图 4-26 所示的边线作为要倒圆的对象，圆角半径为 6mm。

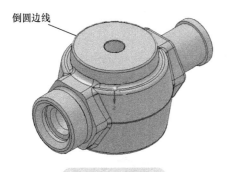

倒圆边线

图 4-25 倒圆 7

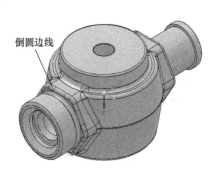

倒圆边线

图 4-26 倒圆 8

步骤 20 保存模型文件

单击【保存】🖫，在【文件名】文本框中输入"阀体"。

4.2 卡板模型实例

本节通过卡板模型实例，主要讲解孔特征的应用，建模过程是先使用【旋转】命令生成基体部分，然后创建各类孔特征，并进行阵列，最后添加圆角特征。零件模型及路径查找器如图 4-27 所示。

操作步骤

步骤 1 选择零件模板

启动软件，选择【GB 公制零件 .par】模板新建一个零件，进入零件建模环境。

步骤 2 创建如图 4-28 所示的旋转特征 1

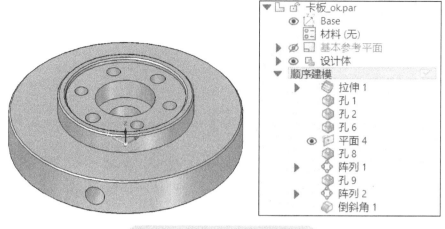

图 4-27　零件模型及路径查找器

单击【特征】区域的【旋转】🔲，在【旋转】工具条上选择【重合平面】，选择前视图（XZ）作为草图平面，绘制如图 4-29 所示的截面草图并把标识线段定义为【旋转轴】🔦，绘制完成后，单击【关闭草图】☑退出草图，在【角度】文本框中输入"360°"，并按 <Enter> 键，在图形区空白区域单击。在【旋转】工具条上单击【完成】，完成旋转特征 1 的创建。

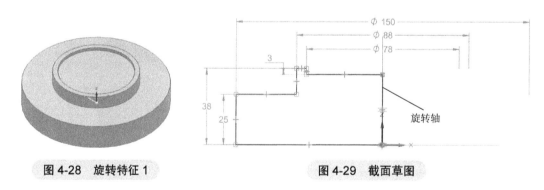

图 4-28　旋转特征 1　　　　　　　**图 4-29　截面草图**

步骤 3　创建如图 4-30 所示的孔特征 1

● 定义孔的参数。单击【特征】区域的【孔】🔲，在【孔】工具条上单击【选项】，弹出【孔选项】对话框，选择【沉头孔】🔲，在【标准】下拉列表中选择【GB Metric】，在【孔范围】处单击【贯通】🔲，在【沉头直径】文本框中输入"39"，在【沉头深度】文本框中输入"13"，在【孔径】文本框中输入"13"，单击【确定】，完成孔参数的定义。

● 定义孔的放置面。单击选取如图 4-31 所示的模型表面作为孔的放置面。

● 定义孔的位置。为孔添加如图 4-32 所示的几何约束，完成后单击【关闭草图】☑，退出草图环境。

● 在【孔】工具条上单击【完成】，完成孔特征 1 的创建。

对于常用的孔特征，在【孔选项】对话框中设置好所有参数后，在【保存的设置】文本框中输入名称，单击【保存】，该孔的参数就保存在系统当中。当需要创建相同的孔特征时，从【保存的设置】下拉列表中选择所需的孔特征名称，然后单击【确定】即可。

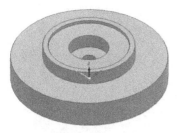

孔的放置面

图4-30 孔特征1

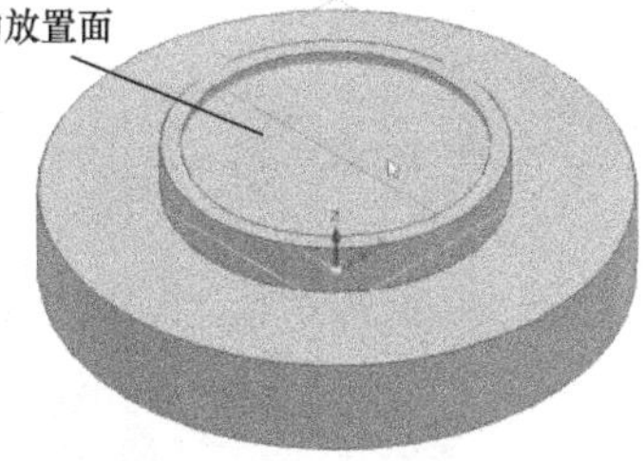

图4-31 孔的放置面（一）

图4-32 定义孔的位置（一）

步骤4 创建如图4-33所示的孔特征2

● 定义孔的参数。单击【特征】区域的【孔】 ，在【孔】工具条上单击【选项】，弹出【孔选项】对话框，选择【沉头孔】 ，在【标准】下拉列表中选择【GB Metric】，在【子类型】下拉列表中选择【内六角螺钉】，在【大小】下拉列表中选择【M8】，在【孔范围】处单击【贯通】 ，单击【确定】，完成孔参数的定义。

● 定义孔的放置面。单击选取如图4-34所示的模型表面作为孔的放置面。

● 定义孔的位置。为孔添加如图4-35所示的几何约束，完成后单击【关闭草图】 ，退出草图环境。

● 在【孔】工具条上单击【完成】，完成孔特征2的创建。

孔的放置面

图4-33 孔特征2

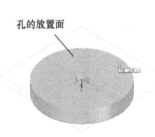

图4-34 孔的放置面（二）

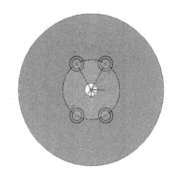

图4-35 定义孔的位置（二）

步骤5 创建如图4-36所示的孔特征6

● 定义孔的参数。单击【特征】区域的【孔】 ，在【孔】工具条上单击【选项】，弹出【孔选项】对话框，选择【简单孔】 ，在【标准】下拉列表中选择【GB Metric】，在【子类型】下拉列表中选择【定位销】，在【大小】下拉列表中选择【φ10】，在【孔范围】处单击【贯通】 ，单击【确定】，完成孔参数的定义。

● 定义孔的放置面。单击选取如图4-37所示的模型表面作为孔的放置面。

● 定义孔的位置。为孔添加如图4-38所示的几何约束，完成后单击【关闭草图】 ，退出草图环境。

● 在【孔】工具条上单击【完成】，完成孔特征6的创建。

图 4-36　孔特征 6

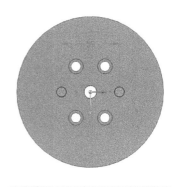

图 4-37　孔的放置面（三）　　　图 4-38　定义孔的位置（三）

步骤 6　创建如图 4-39 所示的平面 4

在【平面】区域单击【更多平面】，选择【平行】，选择前视图（XZ）作为参考平面，在【平行】工具条上单击【关键点】下拉选择【相切】，在图形区沿 Y 轴正方向移动光标，捕捉如图 4-40 所示的相切圆柱面，单击确定平面 4 的位置，按 <Esc> 键退出当前命令，完成平面 4 的创建。

图 4-39　平面 4

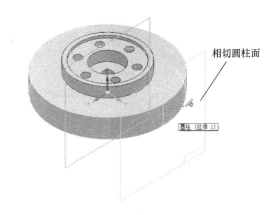

图 4-40　捕捉相切圆柱面

步骤 7　创建如图 4-41 所示的孔特征 8

● 定义孔的参数。单击【特征】区域的【孔】，在【孔】工具条上单击【选项】，弹出【孔选项】对话框，选择【简单孔】，在【标准】下拉列表中选择【GB Metric】，在【子类型】下拉列表中选择【钻头大小】，在【大小】下拉列表中选择【13】，在【孔范围】处单击【有限范围】，在【孔深】文本框中输入"25"，单击【确定】，完成孔参数的定义。

● 定义孔的放置面。在图形区单击选取平面 4 作为孔的放置面。

● 定义孔的位置。为孔添加如图 4-42 所示的几何约束，完成后单击【关闭草图】，退出草图环境。

● 在【孔】工具条上单击【完成】，完成孔特征 8 的创建。

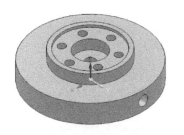

图 4-41 孔特征 8

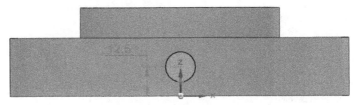

图 4-42 定义孔的位置（四）

步骤 8　创建如图 4-43 所示的阵列特征 1

单击【阵列】区域的【阵列】 ，选择孔特征 8 作为阵列的对象，单击【接受】 ，选择俯视图（XY）作为草图平面，进入草图环境，在【特征】区域选择【圆形阵列】 ，绘制如图 4-44 所示的草图，在图形区单击以确定阵列的方向，在【阵列】工具条上选择阵列方式为【适合】，在【个数】文本框中输入"3"，单击【关闭草图】 ，退出草图环境。在【阵列】工具条上单击【完成】，完成阵列特征 1 的创建。

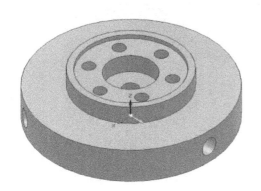

图 4-43 阵列特征 1

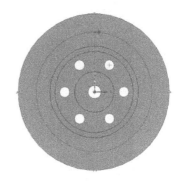

图 4-44 阵列草图（一）

步骤 9　创建如图 4-45 所示的孔特征 9

● 定义孔的参数。单击【特征】区域的【孔】 ，在【孔】工具条上单击【选项】，弹出【孔选项】对话框，选择【螺纹孔】 ，在【标准】下拉列表中选择【GB Metric】，在【子类型】下拉列表中选择【标准螺纹】，在【大小】下拉列表中选择【M12】，在【孔范围】处单击【有限范围】 ，在【孔深】文本框中输入"12"，勾选【V 型孔底角度】复选框，在【螺纹范围】处单击【至孔全长】，单击【确定】，完成孔参数的定义。

● 定义孔的放置面。单击选取如图 4-46 所示的模型表面作为孔的放置面。

● 定义孔的位置。为孔添加如图 4-47 所示的几何约束，完成后单击【关闭草图】 ，退出草图环境。

● 在【孔】工具条上单击【完成】，完成孔特征 9 的创建。

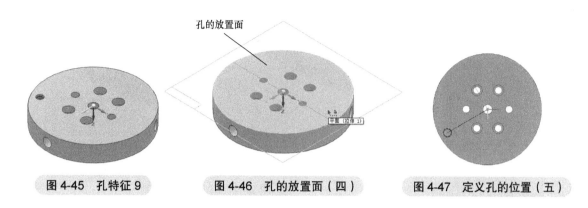

图 4-45 孔特征 9　　　图 4-46 孔的放置面（四）　　　图 4-47 定义孔的位置（五）

步骤 10　创建如图 4-48 所示的阵列特征 2

单击【阵列】区域的【阵列】，选择孔特征 9 作为阵列的对象，单击【接受】，选择俯视图（XY）作为草图平面，进入草图环境，在【特征】区域选择【圆形阵列】，绘制如图 4-49 所示的草图，在图形区单击以确定阵列的方向，在【阵列】工具条上选择阵列方式为【适合】，在【个数】文本框中输入"3"，单击【关闭草图】，退出草图环境。在【阵列】工具条上单击【完成】，完成阵列特征 2 的创建。

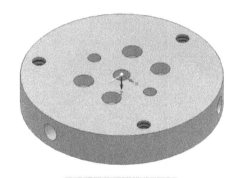

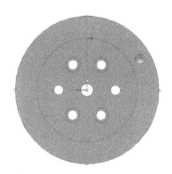

图 4-48 阵列特征 2　　　　　　　　　图 4-49 阵列草图（二）

步骤 11　创建如图 4-50 所示的倒斜角 1

单击【特征】区域的【倒斜角】，在【倒斜角】工具条上【选择】下拉列表中选择【链】，在【深度】文本框中输入"1"，按 <Tab> 键，选择如图 4-51 所示的边线作为要倒斜角的边线，在【倒斜角】工具条上单击【接受】，再单击【完成】，完成倒斜角 1 的创建。

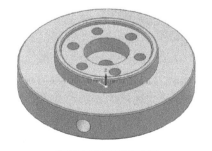

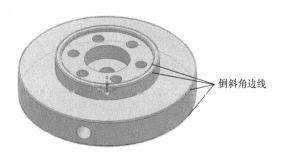

图 4-50 倒斜角 1　　　　　　　　　图 4-51 倒斜角边线

步骤 12　保存模型文件

单击【保存】🖫，在【文件名】文本框中输入"卡板"。

4.3　注入头夹持块模型实例

本节通过注入头夹持块模型实例，主要讲解倒圆特征的应用，建模过程是先使用【拉伸】【除料】和【筋】命令生成基体部分，然后创建倒圆特征。通过本节的学习，读者可以熟练掌握倒圆特征的应用。零件模型及路径查找器如图 4-52 所示。

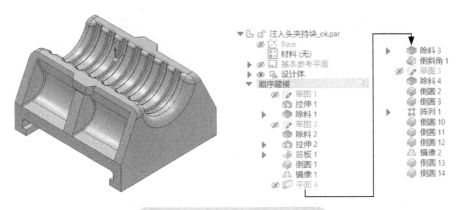

图 4-52　零件模型及路径查找器

操作步骤

步骤 1　选择零件模板

启动软件，选择【GB 公制零件 .par】模板新建一个零件，进入零件建模环境。

步骤 2　创建如图 4-53 所示的拉伸特征 1

单击草图区域的【草图绘制】🖉，选择前视图（XZ）作为草图平面，绘制如图 4-54 所示的草图 1，绘制完成后，单击【关闭草图】✓退出草图。单击【特征】区域的【拉伸】🔷，在【拉伸】工具条上选择【从草图选择】，在【选择】下拉列表中选择【链】，然后在图形区选择草图 1，单击【拉伸】工具条上的【接受】✓，单击激活【对称延伸】🔷，单击选择【有限范围】🔲，在【距离】文本框中输入"122"，按 <Enter> 键。在【拉伸】工具条上单击【完成】，完成拉伸特征 1 的创建。

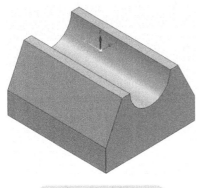

图 4-53　拉伸特征 1

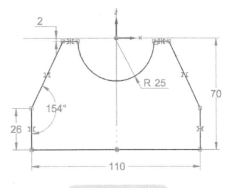

图 4-54　草图 1

步骤3　创建如图4-55所示的除料特征1

单击【特征】区域的【除料】 🔲，在【除料】工具条上选择【重合平面】，选择如图4-55所示的特征表面作为草图平面，绘制如图4-56所示的截面草图，绘制完成后，单击【关闭草图】✅退出草图。在【除料】工具条上单击【贯穿】 ➡ 并确保它是橙色高亮的激活状态，在图形区 X 轴正方向单击，以确定除料特征1的成型方向。在【除料】工具条上单击【完成】，完成除料特征1的创建。

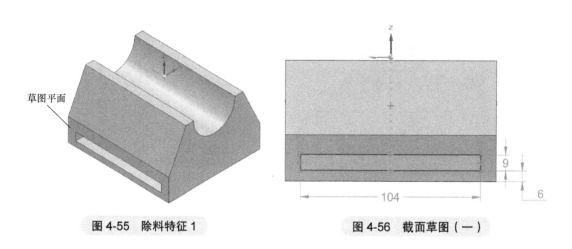

图4-55　除料特征1　　　　　　　　　　图4-56　截面草图（一）

步骤4　创建如图4-57所示的除料特征2

单击草图区域的【草图绘制】 ✏，选择前视图（XZ）作为草图平面，绘制如图4-58所示的草图2，绘制完成后，单击【关闭草图】✅退出草图。单击【特征】区域的【除料】 🔲，在【除料】工具条上选择【从草图选择】，在【选择】下拉列表中选择【链】，然后在图形区选择草图2，单击【除料】工具条上的【接受】 ✅，单击激活【对称延伸】 ✏，单击选择【有限范围】 ➡，在【距离】文本框中输入"106"，并按 <Enter> 键。在【除料】工具条上单击【完成】，完成除料特征2的创建。

　　　　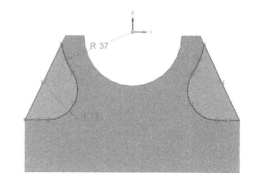

图4-57　除料特征2　　　　　　　　　图4-58　草图2

步骤5　创建如图4-59所示的拉伸特征2

单击【特征】区域的【拉伸】 🔲，在【拉伸】工具条上选择【重合平面】，选择如图4-59所示的特征表面作为草图平面，绘制如图4-60所示的截面草图，绘制完成后，单击【关闭草

图】✓退出草图。在【拉伸】工具条上单击选择【添料】◤，单击选择【有限范围】 ，在
【距离】文本框中输入"8"，在图形区 Z 轴负方向单击，以确定拉伸特征 2 的成型方向。在【拉
伸】工具条上单击【完成】，完成拉伸特征 2 的创建。

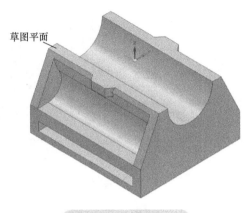

图 4-59 拉伸特征 2

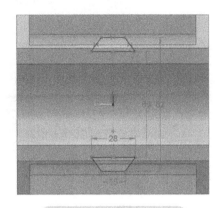

图 4-60 截面草图（二）

步骤 6 创建如图 4-61 所示的肋板特征 1

单击【特征】区域的【抽壳】下面的【筋】◢，在【筋】工具条上选择【重合平面】，选
择前视图（XZ）作为草图平面，绘制如图 4-62 所示的截面草图，绘制完成后，单击【关闭草
图】✓退出草图。在【筋】工具条上单击选择【延伸轮廓】◣和【延伸到下一个】◢，在【厚
度】文本框中输入"10"。移动光标使肋板特征 1 的成型方向指向除料特征 2，如图 4-63 所示，
单击鼠标左键。在【筋】工具条上单击【完成】，完成肋板特征 1 的创建。

图 4-61 肋板特征 1

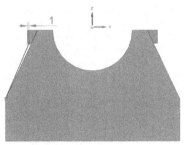

图 4-62 截面草图（三）

图 4-63 肋板成型方向

步骤 7 创建如图 4-64 所示的倒圆 1

选取如图 4-64 所示的边线作为要倒圆的对象，圆角半径为 1mm。

步骤 8 创建如图 4-65 所示的镜像 1

单击【阵列】区域的【镜像】🐟，选择肋板特征 1 和倒圆 1 作为要镜像复制的特征，单击
【镜像】工具条上的【接受】▣，选择右视图（YZ）作为参考平面，单击【完成】，完成镜像 1
的创建。

步骤 9 创建如图 4-66 所示的平面 4

在【平面】区域单击【更多平面】▱，选择【平行】▱，选择如图 4-66 所示的特征表面
作为参考平面，在【平行】工具条上【距离】文本框中输入"13.5"，按 <Tab> 键，在图形区 Y

轴正方向单击，以确定平面 4 的放置方向，按 <Esc> 键退出当前命令，完成平面 4 的创建。

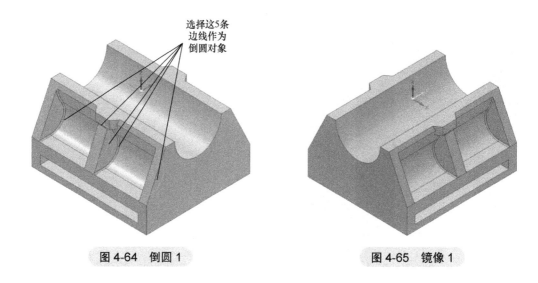

图 4-64　倒圆 1　　　　　　　　　　　　图 4-65　镜像 1

步骤 10　创建如图 4-67 所示的除料特征 3

单击【特征】区域的【除料】 ，在【除料】工具条上选择【重合平面】，选择平面 4 作为草图平面，绘制如图 4-68 所示的截面草图，绘制完成后，单击【关闭草图】 退出草图。在【除料】工具条上单击选择【有限范围】 ，在【距离】文本框中输入"5"，在图形区 Y 轴正方向单击，以确定除料特征 3 的成型方向。在【除料】工具条上单击【完成】，完成除料特征 3 的创建。

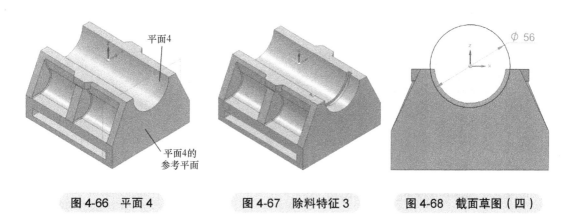

图 4-66　平面 4　　　　　图 4-67　除料特征 3　　　　图 4-68　截面草图（四）

步骤 11　创建如图 4-69 所示的倒斜角 1

单击【特征】区域的【倒斜角】 ，在【倒斜角】工具条上单击【选项】，打开【倒斜角选项】对话框，选择【2 个深度】，然后单击【确定】关闭对话框。在【倒斜角】工具条上【选择面】下的【选择】下拉列表中选择【面】，选择如图 4-70 所示的面，单击【接受】 ；在【倒斜角】工具条上【选择边】下的【选择】下拉列表中选择【链】，在【深度 1】文本框中输入"3"，在【深度 2】文本框中输入"1"，按 <Tab> 键，选择如图 4-70 所示的边线作为要倒斜角的边线，单击【接受】 ，再单击【完成】，完成倒斜角 1 的创建。

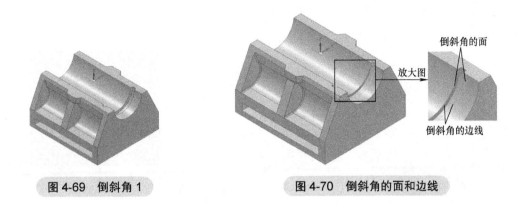

图 4-69　倒斜角 1　　　　　　　图 4-70　倒斜角的面和边线

步骤 12　创建如图 4-71 所示的除料特征 4

单击草图区域的【草图绘制】 ✐，选择如图 4-71 所示的特征表面作为草图平面，绘制如图 4-72 所示的草图 3，绘制完成后，单击【关闭草图】 ✓ 退出草图。单击【特征】区域的【除料】 ◈，在【除料】工具条上选择【从草图选择】，在【选择】下拉列表中选择【链】，然后在图形区选择草图 3，单击【除料】工具条上的【接受】 ☑，单击选择【穿过下一个】 ⊟，在图形区 Z 轴正方向单击，以确定除料的方向。在【除料】工具条上单击【完成】，完成除料特征 4 的创建。

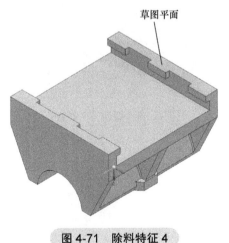

图 4-71　除料特征 4

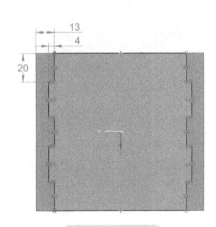

图 4-72　草图 3

步骤 13　创建如图 4-73 所示的倒圆 2

选取如图 4-73 所示的边线作为要倒圆的对象，圆角半径为 3mm。

步骤 14　创建如图 4-74 所示的倒圆 3

选取如图 4-74 所示的边线作为要倒圆的对象，圆角半径为 1.5mm。

步骤 15　创建如图 4-75 所示的阵列特征 1

单击【阵列】区域的【阵列】 ⧉，选择除料特征 3、倒斜角 1 和倒圆 3 作为阵列的对象，单击【接受】 ☑，选择俯视图（XY）作为草图平面，进入草图环境，在【特征】区域选择【矩形阵列】 ⧉，绘制如图 4-76 所示的草图，在【阵列】工具条上选择阵列方式为【固定】，在【X 向事例数】文本框中输入"1"，在【X 向间距】文本框中输入"0"，在【Y 向事例数】文本框中输入"7"，在【Y向间距】文本框中输入"15"，单击【关闭草图】✓，退出草图环境。在【阵列】工具条上单击【完成】，完成阵列特征1的创建。

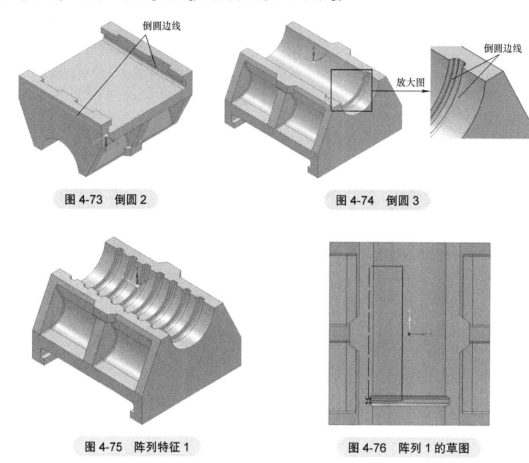

图4-73　倒圆2　　　　　　　　　　　图4-74　倒圆3

图4-75　阵列特征1　　　　　　　　　图4-76　阵列1的草图

步骤16　创建如图4-77所示的倒圆10

选取如图4-77所示的边线作为要倒圆的对象，圆角半径为3mm。

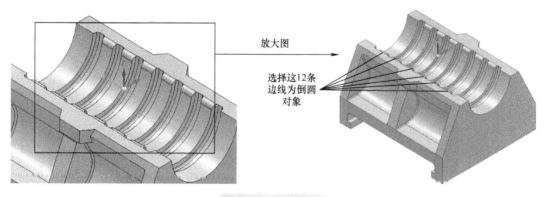

图4-77　倒圆10

步骤17　创建如图4-78所示的倒圆11

单击【特征】区域的【倒圆】🔷，在【倒圆】工具条上单击【选项】，弹出【倒圆选项】

对话框，选择【可变半径】，然后单击【确定】关闭对话框。在【倒圆】工具条上【选择】下拉列表中选择【链】，选择如图 4-78 所示的边线作为要倒圆的边线，单击【接受】☑。选择如图 4-78 所示的点 1，在【半径】文本框中输入"10"，单击【接受】☑；选择如图 4-78 所示的点 2，在【半径】文本框中输入"3"，单击【接受】☑。单击【预览】，再单击【完成】，完成倒圆 11 的创建。

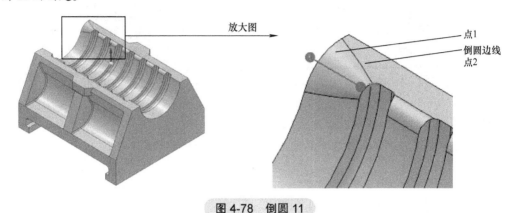

图 4-78　倒圆 11

步骤 18　创建如图 4-79 所示的倒圆 12

单击【特征】区域的【倒圆】，在【倒圆】工具条上单击【选项】，弹出【倒圆选项】对话框，选择【可变半径】，然后单击【确定】关闭对话框。在【倒圆】工具条上【选择】下拉列表中选择【链】，选择如图 4-79 所示的边线作为要倒圆的边线，单击【接受】☑。选择如图 4-79 所示的点 1，在【半径】文本框中输入"10"，单击【接受】☑；选择如图 4-79 所示的点 2，在【半径】文本框中输入"3"，单击【接受】☑。单击【预览】，再单击【完成】，完成倒圆 12 的创建。

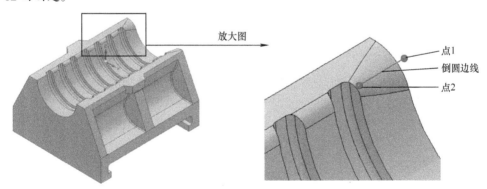

图 4-79　倒圆 12

步骤 19　创建如图 4-80 所示的镜像 2

单击【阵列】区域的【镜像】，选择倒圆 11 和倒圆 12 作为要镜像复制的特征，单击【镜像】工具条上的【接受】☑，选择前视图（XZ）作为参考平面，单击【完成】，完成镜像 2 的创建。

步骤 20　创建如图 4-81 所示的倒圆 13

选取如图 4-81 所示的边线作为要倒圆的对象，圆角半径为 7mm。

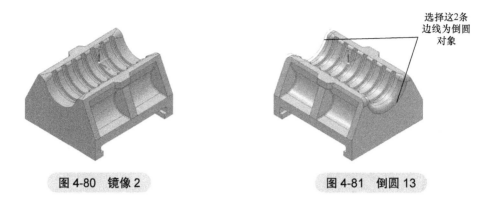

图 4-80　镜像 2　　　　　　　　　　　　图 4-81　倒圆 13

步骤 21　创建如图 4-82 所示的倒圆 14

选取如图 4-82 所示的边线作为要倒圆的对象，圆角半径为 1mm。

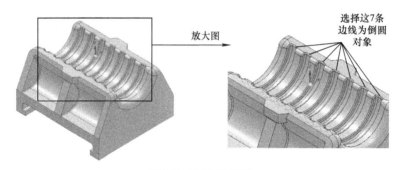

图 4-82　倒圆 14

步骤 22　保存模型文件

单击【保存】💾，在【文件名】文本框中输入"注入头夹持块"。

4.4　上刀轴模型实例

本节介绍的上刀轴模型实例，不仅是对前面几个实例相关特征功能的总结性练习，还新增了槽和螺纹的使用介绍，这些都是机械零件设计中经常用到的功能。通过本节的学习，读者可以更加深入地了解孔、阵列等功能的应用。零件模型及路径查找器如图 4-83 所示。

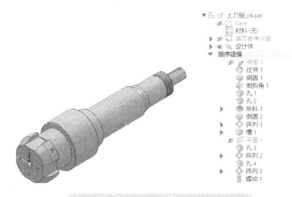

图 4-83　零件模型及路径查找器

操作步骤

步骤 1　选择零件模板

启动软件，选择【GB 公制零件 .par】模板新建一个零件，进入零件建模环境。

步骤 2　创建如图 4-84 所示的旋转特征 1

单击草图区域的【草图绘制】，选择前视图（XZ）作为草图平面，绘制如图 4-85 所示的草图 1，绘制完成后，单击【关闭草图】退出草图。单击【特征】区域的【旋转】，在【旋转】工具条上选择【从草图选择】，在【选择】下拉列表中选择【链】，然后在图形区选择草图 1，单击【旋转】工具条上的【接受】，选择如图 4-85 所示的标识线段作为旋转特征 1 的【旋转轴】，在【旋转】工具条上单击【完成】，完成旋转特征 1 的创建。

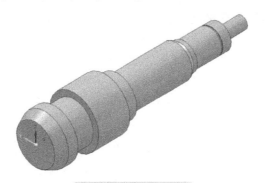

图 4-84　旋转特征 1

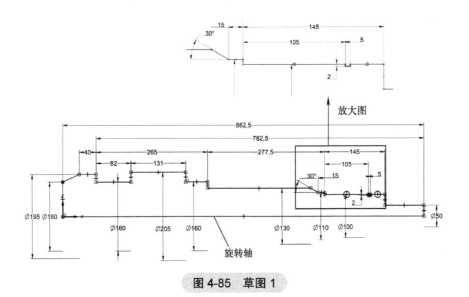

图 4-85　草图 1

步骤 3　创建如图 4-86 所示的倒圆 1

选取如图 4-86 所示的边线作为要倒圆的对象，圆角半径为 5mm。

步骤 4　创建如图 4-87 所示的倒斜角 1

倒斜角类型按【深度相等】，选择如图 4-87 所示的边线作为要倒斜角的边线，倒斜角深度为 2mm。

倒圆边线

图 4-86　倒圆 1

选择这6条边线为
倒斜角对象

图 4-87　倒斜角 1

步骤 5　创建如图 4-88 所示的孔特征 1

● 定义孔的参数。单击【特征】区域的【孔】
，在【孔】工具条上单击【选项】，弹出【孔选项】
对话框，定义如图 4-89 所示的孔参数。然后在【保存
的设置】文本框中输入"带螺纹沉头孔 (M12)"，单击
【保存】。

● 定义孔的放置面。单击选取如图 4-88 所示的
模型表面作为孔的放置面。

● 定义孔的位置。为孔添加如图 4-90 所示的几何
约束，完成后单击【关闭草图】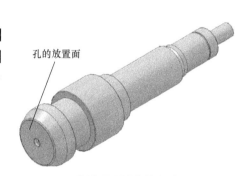，退出草图环境。

● 在【孔】工具条上单击【完成】，完成孔特征 1 的创建。

孔的放置面

图 4-88　孔特征 1

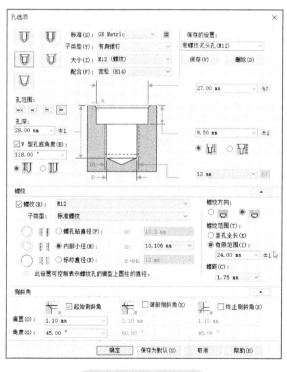

图 4-89　定义孔参数

图 4-90　定义孔的位置（一）

步骤6 创建如图4-91所示的孔特征2

● 定义孔的参数。单击【特征】区域的【孔】 ⬡，在【孔】工具条上单击【选项】，弹出【孔选项】对话框，然后在【保存的设置】下拉列表中选择【带螺纹沉头孔（M12）】，单击【确定】。

● 定义孔的放置面。单击选取如图4-91所示的模型表面作为孔的放置面。

● 定义孔的位置。为孔添加如图4-92所示的几何约束，完成后单击【关闭草图】 ☑，退出草图环境。

● 在【孔】工具条上单击【完成】，完成孔特征2的创建。

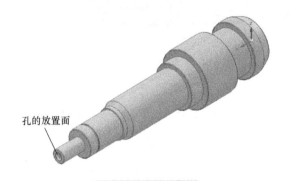

图4-91 孔特征2

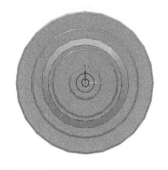

图4-92 定义孔的位置（二）

步骤7 创建如图4-93所示的除料特征1

单击【特征】区域的【除料】 ◆，在【除料】工具条上选择【重合平面】，选择如图4-93所示的特征表面作为草图平面，绘制如图4-94所示的截面草图，绘制完成后，单击【关闭草图】 ☑退出草图。在【除料】工具条上单击选择【有限范围】 ➖，确保【非对称延伸】 ⬥和【对称延伸】 ⬥处于未激活状态，单击【关键点】下拉选择【中心和端点】 ⊙，在图形区移动光标捕捉到如图4-95所示的圆心后单击，以确定除料特征1的成型范围。在【除料】工具条上单击【完成】，完成除料特征1的创建。

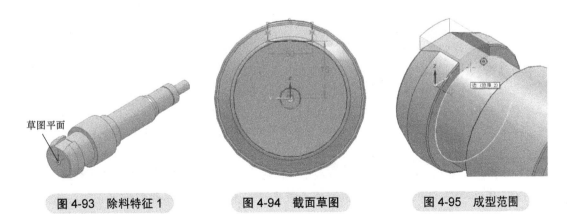

图4-93 除料特征1   图4-94 截面草图   图4-95 成型范围

步骤8 创建如图4-96所示的倒圆2

选取如图4-96所示的边线作为要倒圆的对象，圆角半径为3mm。

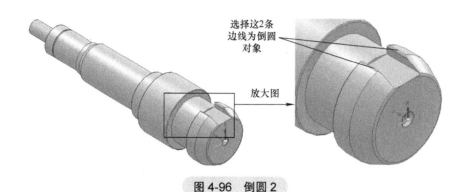

图 4-96　倒圆 2

步骤 9　创建如图 4-97 所示的阵列特征 1

单击【阵列】区域的【阵列】🔩，选择除料特征 1 和倒圆 2 作为阵列的对象，单击【接受】✅，选择如图 4-97 所示的模型表面作为草图平面，进入草图环境，在【特征】区域选择【圆形阵列】⚙，绘制如图 4-98 所示的草图，在图形区单击以确定阵列的方向，在【阵列】工具条上选择阵列方式为【适合】，在【个数】文本框中输入"4"，单击【关闭草图】✅，退出草图环境。在【阵列】工具条上单击【完成】，完成阵列特征 1 的创建。

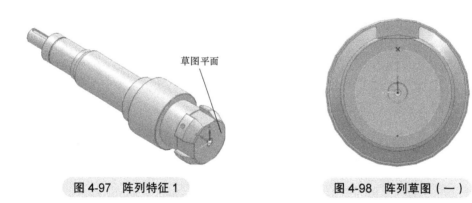

图 4-97　阵列特征 1　　　　　　　　图 4-98　阵列草图（一）

步骤 10　创建如图 4-99 所示的槽特征 1

单击【特征】区域的【槽】🔩，在【槽】工具条上单击【选项】，弹出【槽选项】对话框，在【槽宽度】文本框中输入"16"，选择【圆弧端】，单击【确定】关闭对话框。在【槽】工具条上选择【相切平面】，在图形区单击如图 4-99 所示的圆柱面，在【槽】工具条上【角度】文本框中输入"90"，并按<Enter>键，在图形区 Z 轴正方向单击，以确定草图平面的方向，绘制如图 4-100 所示的草图，单击【关闭草图】✅，退出草图环境。在【槽】工具条上单击选择【有限范围】➖，确保【非对称延伸】和【对称延伸】处于未激活状态，在【距离】文本框中输入"6"，并按<Enter>键，在图形区 Z 轴负方向单击，以确定槽的成型方向。在【槽】工具条上单击【完成】，完成槽特征 1 的创建。

步骤 11　创建如图 4-101 所示的平面 4

在【平面】区域单击【更多平面】🗔，选择【相切】🗔，选择如图 4-101 所示的特征圆柱面作为参考平面，在【相切】工具条上【角度】文本框中输入"135"，并按 <Tab> 键，在图形区 Z 轴正方向单击，以确定平面 4 的放置方向，按 <Esc> 键退出当前命令，完成平面 4 的创建。

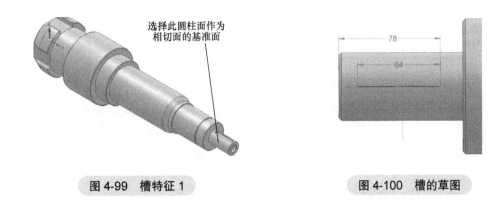

图 4-99 槽特征 1　　　　　　　　　图 4-100 槽的草图

步骤 12　创建如图 4-102 所示的孔特征 3

● 定义孔的参数。单击【特征】区域的【孔】，在【孔】工具条上单击【选项】，弹出【孔选项】对话框，选择【简单孔】，在【标准】下拉列表中选择【GB Metric】，在【子类型】下拉列表中选择【钻头大小】，在【大小】下拉列表中选择【16】，在【孔范围】处单击【有限范围】，在【孔深】文本框中输入"50"，勾选【V 型孔底角度】复选框，单击【确定】按钮，完成孔参数的定义。

● 定义孔的放置面。单击选取平面 4 作为孔的放置面。

● 定义孔的位置。为孔添加如图 4-103 所示的几何约束，完成后单击【关闭草图】，退出草图环境。

● 在【孔】工具条上单击【完成】，完成孔特征 3 的创建。

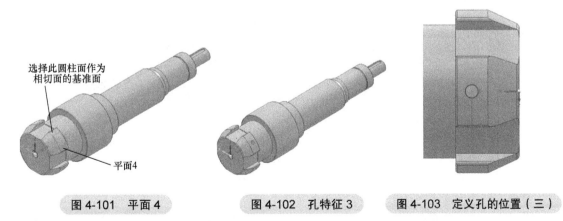

图 4-101 平面 4　　　　　　图 4-102 孔特征 3　　　　　　图 4-103 定义孔的位置（三）

步骤 13　创建如图 4-104 所示的阵列特征 2

单击【阵列】区域的【阵列】，选择孔特征 3 作为阵列的对象，单击【接受】，选择如图 4-104 所示的模型表面作为草图平面，进入草图环境，在【特征】区域选择【圆形阵列】，绘制如图 4-105 所示的草图，在图形区单击以确定阵列的方向，在【阵列】工具条上选择阵列方式为【适合】，在【个数】文本框中输入"2"，单击【关闭草图】☑，退出草图环境。在【阵列】工具条上单击【完成】，完成阵列特征2的创建。

图 4-104　阵列特征 2

图 4-105　阵列草图（二）

步骤 14　创建如图 4-106 所示的孔特征 4

● 定义孔的参数。单击【特征】区域的【孔】🔷，在【孔】工具条上单击【选项】，弹出【孔选项】对话框，选择【螺纹孔】🔳，在【标准】下拉列表中选择【GB Metric】，在【子类型】下拉列表中选择【标准螺纹】，在【大小】下拉列表中选择【M12】，在【孔范围】处单击【有限范围】▣，在【孔深】文本框中输入"30"，勾选【V型孔底角度】复选框，在【螺纹范围】处单击【有限范围】，并在文本框中输入"24"，单击【确定】，完成孔参数的定义。

● 定义孔的放置面。单击选取如图 4-106 所示的模型表面作为孔的放置面。

● 定义孔的位置。为孔添加如图 4-107 所示的几何约束，完成后单击【关闭草图】☑，退出草图环境。

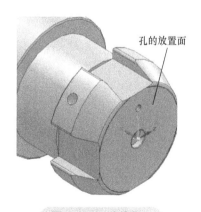

图 4-106　孔特征 4

图 4-107　定义孔的位置（四）

● 在【孔】工具条上单击【完成】，完成孔特征 4 的创建。

步骤 15　创建如图 4-108 所示的阵列特征 3

单击【阵列】区域的【阵列】🔆，选择孔特征 4 作为阵列的对象，单击【接受】☑，选择如图 4-108 所示的模型表面作为草图平面，进入草图环境，在【特征】区域选择【圆形阵列】⚙，绘制如图 4-109 所示的草图，在图形区单击以确定阵列的方向，在【阵列】工具条上选择阵列方式为【适合】，在【个数】文本框中输入"4"，单击【关闭草图】☑，退出草图环境。在【阵列】工具条上单击【完成】，完成阵列特征 3 的创建。

步骤 16　创建如图 4-110 所示的螺纹特征 1

单击【特征】区域的【螺纹】，弹出【螺纹选项】对话框，在【标准】下拉列表中选择【GB Metric】，在【类型】下拉列表中选择【标准螺纹】，选择【标称直径】，单击【确定】关闭对话框。选择如图 4-110 所示的圆柱面作为要攻螺纹的圆柱体，选择如图 4-110 所示的边线作为螺纹的末端。在【螺纹】工具条上【深度】下拉列表中选择【圆柱全长】，在【大小】下拉列表中选择【M100×2】，单击【完成】，完成螺纹特征 1 的创建。

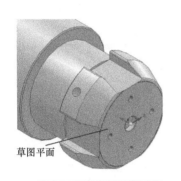

草图平面

图 4-108　阵列特征 3

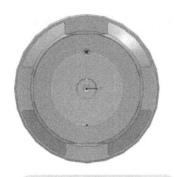

图 4-109　阵列草图（三）

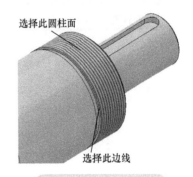

选择此圆柱面

选择此边线

图 4-110　螺纹特征 1

步骤 17　保存模型文件

单击【保存】，在【文件名】文本框中输入"上刀轴"。

4.5　容器管板模型实例

本节通过容器管板模型实例，新增了复制特征功能的介绍，对于相同的特征可以使用此功能来快速创建。此外还深入讲解了阵列特征，通过本节的学习，读者可以更加熟练地掌握阵列特征的应用。零件模型及路径查找器如图 4-111 所示。

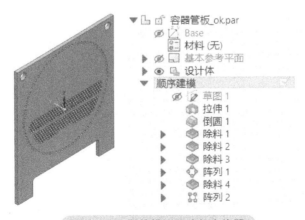

图 4-111　零件模型及路径查找器

操作步骤

步骤 1　选择零件模板

启动软件，选择【GB 公制零件 .par】模板新建一个零件，进入零件建模环境。

步骤2　创建如图4-112所示的拉伸特征1

单击草图区域的【草图绘制】 ✏ ，选择前视图（XZ）作为草图平面，绘制如图4-113所示的草图1，绘制完成后，单击【关闭草图】 ✅ 退出草图。单击【特征】区域的【拉伸】 ⬡ ，在【拉伸】工具条上选择【从草图选择】，在【选择】下拉列表中选择【链】，然后在图形区选择草图1，单击【拉伸】工具条上的【接受】 ✅ ，单击激活【对称延伸】 🔧 ，单击选择【有限范围】 ⬛ ，在【距离】文本框中输入"38"，按<Enter>键，单击【完成】，完成拉伸特征1的创建。

步骤3　创建如图4-114所示的倒圆1

选取如图4-114所示的边线作为要倒圆的对象，圆角半径为25mm。

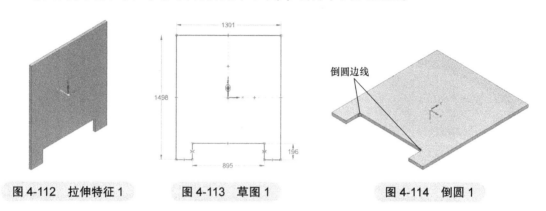

图4-112　拉伸特征1　　　　图4-113　草图1　　　　图4-114　倒圆1

步骤4　创建如图4-115所示的除料特征1

单击【特征】区域的【除料】 ⬢ ，在【除料】工具条上选择【重合平面】，选择如图4-115所示的特征表面作为草图平面，绘制如图4-116所示的截面草图，绘制完成后，单击【关闭草图】 ✅ 退出草图。在【除料】工具条上单击选择【贯通】 ▬ ，确保【非对称延伸】 🔧 和【对称延伸】 🔧 处于未激活状态，在图形区Y轴正方向单击，以确定除料特征1的成型范围。在【除料】工具条上单击【完成】，完成除料特征1的创建。

步骤5　创建如图4-117所示的除料特征2

选择除料特征1，单击【工具】选项卡，单击【剪切板】区域的【复制】 🗐 ，再单击【粘贴】 📋 ，弹出【特征集信息】对话框，单击【关闭】，选择如图4-117所示的特征表面作为除料特征2的放置平面，此时除料特征2的位置尺寸1变成橙色高亮显示状态，单击选择如图4-117所示的边线以重新附加该尺寸；接着位置尺寸2变成橙色高亮显示状态，单击选择如图4-117所示的边线以重新附加该尺寸，按<Esc>键退出当前命令，完成除料特征2的创建。

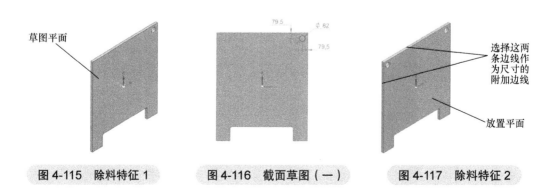

图4-115　除料特征1　　　　图4-116　截面草图（一）　　　　图4-117　除料特征2

需要粘贴多个特征时，完成一个特征的粘贴之后，在工具条上单击【重复】，或者单击鼠标右键，即可开始粘贴下一个特征。

步骤6　创建如图4-118所示的除料特征3

单击【特征】区域的【除料】◆，在【除料】工具条上选择【重合平面】，选择如图4-118所示的特征表面作为草图平面，绘制如图4-119所示的截面草图，绘制完成后，单击【关闭草图】✓退出草图。在【除料】工具条上单击选择【贯通】━━，确保【非对称延伸】◈和【对称延伸】◈处于未激活状态，在图形区Y轴正方向单击，以确定除料特征3的成型范围。在【除料】工具条上单击【完成】，完成除料特征3的创建。

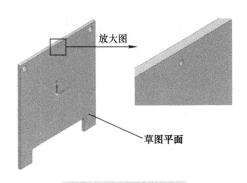

图4-118　除料特征3

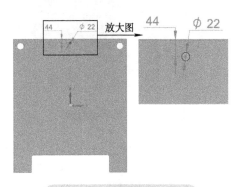

图4-119　截面草图（二）

步骤7　创建如图4-120所示的阵列特征1

单击【阵列】区域的【阵列】☷，选择除料特征3作为阵列的对象，单击【阵列】工具条上的【接受】☑，选择如图4-120所示的模型表面作为草图平面，进入草图环境，在【特征】区域选择【圆形阵列】◎，绘制如图4-121所示的草图，在图形区单击以确定阵列的方向，在【阵列】工具条上选择阵列方式为【适合】，在【个数】文本框中输入"80"，单击【关闭草图】✓，退出草图环境。在【阵列】工具条上单击【完成】，完成阵列特征1的创建。

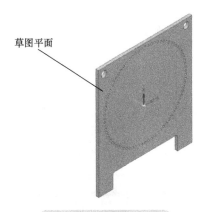

图4-120　阵列特征1

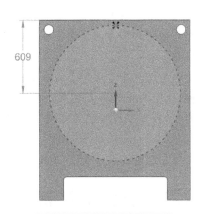

图4-121　阵列草图（一）

步骤8　创建如图4-122所示的除料特征4

单击【特征】区域的【除料】◆，在【除料】工具条上选择【重合平面】，选择如图4-122所示的特征表面作为草图平面，绘制如图4-123所示的截面草图，绘制完成后，单击【关闭草图】✓退出草图。在【除料】工具条上单击选择【贯通】，确保【非对称延伸】和【对称延伸】处于未激活状态，在图形区 Y 轴正方向单击，以确定除料特征 4 的成型范围。在【除料】工具条上单击【完成】，完成除料特征 4 的创建。

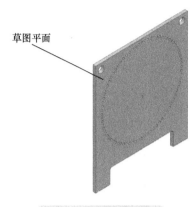

图 4-122　除料特征 4

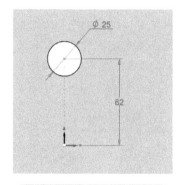

图 4-123　截面草图（三）

步骤 9　创建如图 4-124 所示的阵列特征 2

● 选择阵列对象。单击【阵列】区域的【阵列】，选择除料特征 4 作为阵列的对象，单击【阵列】工具条上的【接受】。

● 定义阵列草图的平面。选择如图 4-124 所示的模型表面作为草图平面，进入草图环境，在【特征】区域选择【矩形阵列】。

● 定义交错选项。在【阵列】工具条上单击【交错选项】，弹出【交错选项】对话框，在【交错】下拉列表中选择【行】，选择【交错 =1/2 偏置】，勾选【包括最后一列】复选框，单击【确定】关闭对话框。

● 定义阵列的方式、数量和间距。在【阵列】工具条上选择阵列方式为【固定】，在【X向事例数】文本框中输入"33"，在【X向间距】文本框中输入"30"，在【Y向事例数】文本框中输入"12"，在【Y向间距】文本框中输入"25.98"，绘制如图 4-125 所示的阵列草图。

● 定义阵列的参考点。在【阵列】工具条上单击【参考点】，选择如图 4-125 所示的点 ✖ 作为参考点。

● 抑制事例。在【阵列】工具条上单击【抑制事例】，选择如图 4-125 所示的点，选中的点会变成空心红色点，阵列时会被抑制，单击鼠标右键返回图案编辑。

● 抑制区域。绘制如图 4-125 所示的矩形，在【阵列】工具条上单击【抑制区域】，选择所绘制的矩形，单击【接受】。

● 单击【关闭草图】✓退出草图，在【阵列】工具条上单击【完成】，完成阵列特征 2 的创建。

步骤 10　保存模型文件

单击【保存】，在【文件名】文本框中输入"容器管板"。

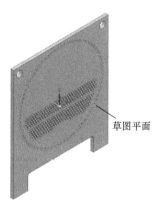

图 4-124　阵列特征 2

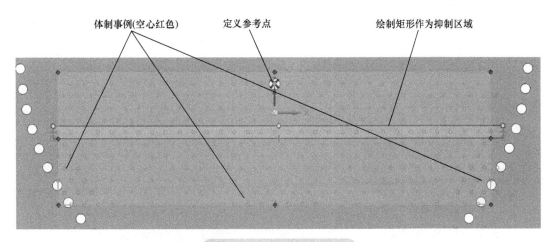

体制事例(空心红色)　　　定义参考点　　　绘制矩形作为抑制区域

图 4-125　阵列草图（二）

4.6　箱盖模型实例

　　本节通过箱盖模型实例，讲解薄壁特征和扫描特征的应用，建模过程是先使用【旋转】命令生成基体部分，然后使用【薄壁区】命令生成内部空腔，再使用【旋转】【拉伸】【除料】等命令创建箱盖用于安装的相关特征，最后使用扫描特征来创建把手。零件模型及路径查找器如图 4-126 所示。

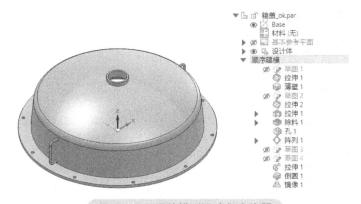

图 4-126　零件模型及路径查找器

操作步骤

步骤 1　选择零件模板

　　启动软件，选择【GB 公制零件 .par】模板新建一个零件，进入零件建模环境。

步骤 2　创建如图 4-127 所示的旋转特征 1

　　单击草图区域的【草图绘制】，选择前视图（XZ）作为草图平面，绘制如图 4-128 所示的草图 1，绘制完成后，单击【关闭草图】退出草图。单击【特征】区域的【旋转】，在【旋转】工具条上选择【从草图选择】，在【选择】下拉列表中选择【链】，然后在图形区选择草图 1，单击【旋转】工具条上的【接受】，选择如图 4-128 所示的标识线段作为旋转特征 1 的【旋转轴】，在【旋转】工具条上单击【完成】，完成旋转特征 1 的创建。

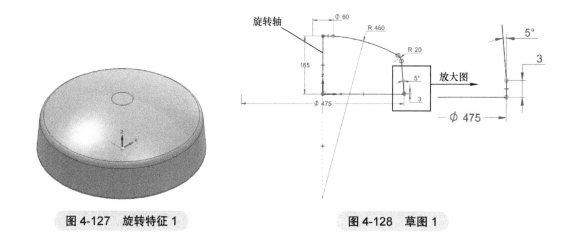

图 4-127　旋转特征 1　　　　　　　　　　图 4-128　草图 1

步骤 3　创建如图 4-129 所示的薄壁特征 1

单击【特征】区域的【抽壳】，在【抽壳】工具条上单击【同一厚度】，单击选择【向内偏置】，在【同一厚度】文本框中输入"2"，然后单击【打开面】，在【选择】下拉列表中选择【链】，在图形区上选择如图 4-130 所示的面作为薄壁特征要移除的面，单击【抽壳】工具条上的【接受】，单击【预览】，再单击【完成】，完成薄壁特征 1 的创建。

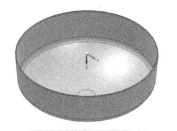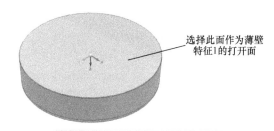

选择此面作为薄壁
特征1的打开面

图 4-129　薄壁特征 1　　　　　　　　图 4-130　薄壁特征 1 的打开面

步骤 4　创建如图 4-131 所示的旋转特征 2

单击草图区域的【草图绘制】，选择前视图（XZ）作为草图平面，绘制如图 4-132 所示的草图 2，绘制完成后，单击【关闭草图】退出草图。单击【特征】区域的【旋转】，在【旋转】工具条上选择【从草图选择】，在【选择】下拉列表中选择【链】，然后在图形区选择草图 2，单击【旋转】工具条上的【接受】，选择如图 4-132 所示的标识线段作为旋转特征 2 的【旋转轴】，在【角度】文本框中输入"360°"，并按 <Enter> 键，在图形区空白区域单击。在【旋转】工具条上单击【完成】，完成旋转特征 2 的创建。

图 4-131　旋转特征 2

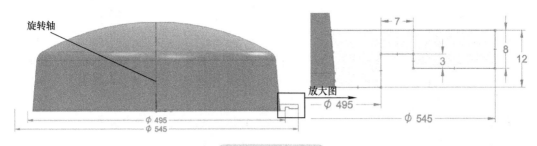

图 4-132 草图 2

步骤 5 创建如图 4-133a 所示的拉伸特征 1

单击【特征】区域的【拉伸】，在【拉伸】工具条上选择【重合平面】，选择如图 4-133a 所示的特征表面作为草图平面，绘制如图 4-133b 所示的截面草图，绘制完成后，单击【关闭草图】退出草图。在【拉伸】工具条上单击选择【添料】，单击激活【对称延伸】，单击选择【有限范围】，在【距离】文本框中输入"20"，并按 <Enter> 键，单击【完成】，完成拉伸特征 1 的创建。

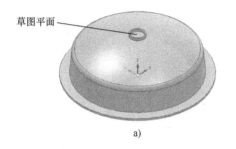

a)

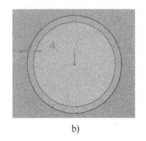

b)

图 4-133 拉伸特征 1 和截面草图

步骤 6 创建如图 4-134 所示的除料特征 1

单击【特征】区域的【除料】，在【除料】工具条上选择【重合平面】，选择如图 4-134 所示的特征表面作为草图平面，绘制如图 4-135 所示的截面草图，绘制完成后，单击【关闭草图】退出草图。在【除料】工具条上单击选择【贯通】，确保【非对称延伸】和【对称延伸】处于未激活状态，在图形区 Z 轴负方向单击，以确定除料特征 1 的成型方向。在【除料】工具条上单击【完成】，完成除料特征 1 的创建。

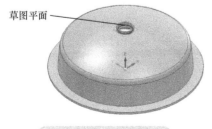

图 4-134 除料特征 1

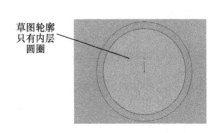

图 4-135 截面草图

步骤7　创建如图4-136所示的孔特征1

● 定义孔的参数。单击【特征】区域的【孔】🔷，在【孔】工具条上单击【选项】，弹出【孔选项】对话框，选择【简单孔】🇺，在【标准】下拉列表中选择【GB Metric】，在【子类型】下拉列表中选择【钻头大小】，在【大小】下拉列表中选择【9】，在【孔范围】处单击【穿过下一个】🔳，单击【确定】，完成孔参数的定义。

● 定义孔的放置面。单击选取如图4-136所示的模型表面作为孔的放置面。

● 定义孔的位置。为孔添加如图4-137所示的几何约束，完成后单击【关闭草图】✅，退出草图环境。

● 在【孔】工具条上单击【完成】，完成孔特征1的创建。

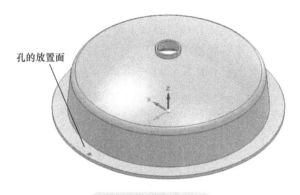

孔的放置面

图4-136　孔特征1

图4-137　定义孔的位置

步骤8　创建如图4-138所示的阵列特征1

单击【阵列】区域的【阵列】🔳，选择孔特征1作为阵列的对象，单击【阵列】工具条上的【接受】🔳，选择如图4-138所示的模型表面作为草图平面，进入草图环境，在【特征】区域选择【圆形阵列】⚙，绘制如图4-139所示的草图，在图形区单击以确定阵列的方向，在【阵列】工具条上选择阵列方式为【适合】，在【个数】文本框中输入"10"，单击【关闭草图】✅，退出草图环境。在【阵列】工具条上单击【完成】，完成阵列特征1的创建。

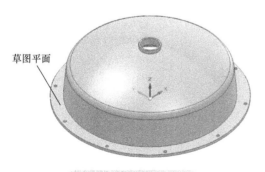

草图平面

图4-138　阵列特征1

图4-139　阵列草图

步骤9　创建如图4-140所示的草图3

单击草图区域的【草图绘制】✏，选择前视图（XZ）作为草图平面，绘制如图4-140所示的草图 3。

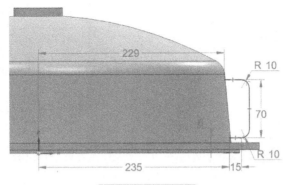

图 4-140 草图 3

步骤 10 创建如图 4-141 所示的草图 4

单击草图区域的【草图绘制】 ✐ ，在【草图】工具条上选择【垂直于曲线的平面】 ▱ ，在图形区选择如图 4-141 所示的边线，移动光标捕捉到如图 4-141 所示的点并单击，以定义草图 4 绘图基准面的位置，进入草图环境，绘制如图 4-141 所示的草图 4。

步骤 11 创建如图 4-142 所示的扫描特征 1

单击【特征】区域的【添料】下面的【扫掠】 ⬚ ，弹出【扫掠选项】对话框，在【默认扫掠类型】处单击【单一路径和横截面】，其他参数按照系统默认即可，单击【确定】。在【扫描】工具条上选择【从草图/零件边选择】，在【选择】下拉列表中选择【链】，在图形区选择草图 3 作为扫描路径，单击【接受】 ✓ ，在图形区选择草图 4 作为扫描横截面，单击【接受】 ✓ ，单击【完成】，完成扫描特征 1 的创建。

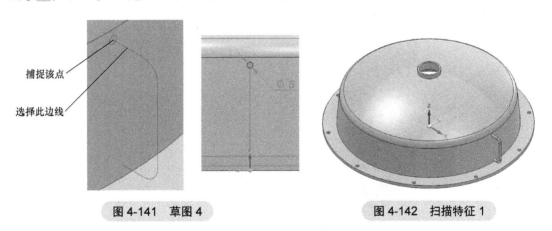

图 4-141 草图 4　　　　　　　　　　图 4-142 扫描特征 1

步骤 12 创建如图 4-143 所示的倒圆 1

选取如图 4-143 所示的边线作为要倒圆的对象，圆角半径为 2mm。

步骤 13 创建如图 4-144 所示的镜像 1

单击【阵列】区域的【镜像】 ⬚ ，选择扫描特征 1 和倒圆 1 作为要镜像复制的特征，单击【镜像】工具条上的【接受】 ✓ ，选择右视图（YZ）作为参考平面，单击【完成】，完成镜像 1 的创建。

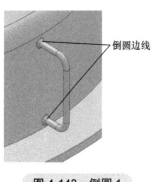

图 4-143　倒圆 1

图 4-144　镜像 1

步骤 14　保存模型文件

单击【保存】💾，在【文件名】文本框中输入"箱盖"。

4.7　吊钩模型实例

本节介绍吊钩模型的设计过程，这是一个常见的机械零件，其建模过程主要运用了【放样】和【扫掠】命令。其中，放样功能的操作技巧性较强，读者需要认真学习，理解其逻辑。零件模型及路径查找器如图 4-145 所示。

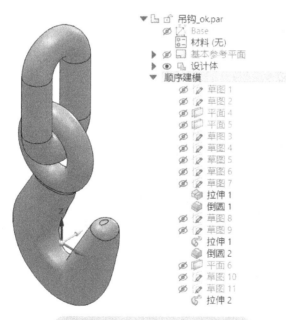

图 4-145　零件模型及路径查找器

操作步骤

步骤 1　选择零件模板

启动软件，选择【GB 公制零件 .par】模板新建一个零件，进入零件建模环境。

步骤 2　创建如图 4-146 所示的草图 1

单击草图区域的【草图绘制】 ，选择前视图（XZ）作为草图平面，绘制如图 4-146 所示的草图 1，单击【关闭草图】 ，退出草图环境。

步骤 3　创建如图 4-147 所示的草图 2

单击草图区域的【草图绘制】 ，选择前视图（XZ）作为草图平面，绘制如图 4-147 所示的草图 2，单击【关闭草图】 ，退出草图环境。

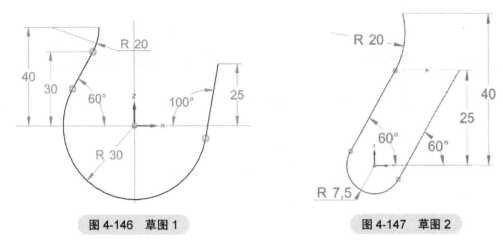

图 4-146　草图 1　　　　　　　　图 4-147　草图 2

步骤 4　创建如图 4-148 所示的平面 4

在【平面】区域单击【更多平面】 ，选择【平行】 ，选择俯视图（XY）作为参考平面，在如图 4-148 所示的顶点单击，完成平面 4 的创建。

步骤 5　创建如图 4-149 所示的平面 5

在【平面】区域单击【更多平面】 ，选择【平行】 ，选择俯视图（XY）作为参考平面，在【距离】文本框中输入"32"，在图形区 Z 轴正方向单击，完成平面 5 的创建。

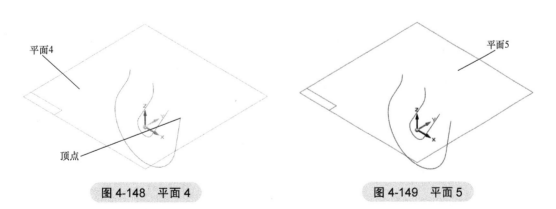

图 4-148　平面 4　　　　　　　　图 4-149　平面 5

步骤 6　创建如图 4-150 所示的草图 3

单击草图区域的【草图绘制】 ，选择平面 4 作为草图平面，绘制如图 4-151 所示的草图 3（注意圆弧的左右两端分别与草图 2 和平面 4 的穿刺点、草图 1 和平面 4 的穿刺点相连接，在圆弧右端绘制点 1），单击【关闭草图】 ，退出草图环境。

图 4-150　草图 3（零件环境）　　　　　图 4-151　草图 3（草图环境）

　　旋转模型到合适位置，移动光标到草图和参考平面的交点附近，当光标右侧出现【穿刺点】时，单击鼠标左键，即捕捉到草图和参考平面的穿刺点。

　　步骤 7　创建如图 4-152 所示的草图 4

　　单击草图区域的【草图绘制】，选择俯视图（XY）作为草图平面，绘制如图 4-153 所示的草图 4（注意圆弧的左右两端分别与草图 2 和俯视图（XY）的穿刺点、草图 1 和俯视图（XY）的穿刺点相连接，在圆弧右端绘制点 2），单击【关闭草图】，退出草图环境。

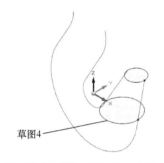
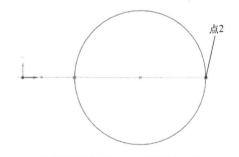

图 4-152　草图 4（零件环境）　　　　　图 4-153　草图 4（草图环境）

　　步骤 8　创建如图 4-154 所示的草图 5

　　单击草图区域的【草图绘制】，选择右视图（YZ）作为草图平面，绘制如图 4-155 所示的草图 5（注意圆弧的上下两端分别与草图 2 和右视图（YZ）的穿刺点、草图 1 和右视图（YZ）的穿刺点相连接，在圆弧下端绘制点 3），单击【关闭草图】，退出草图环境。

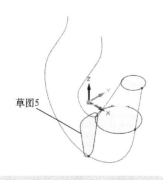
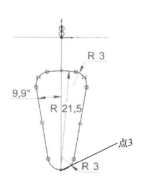

图 4-154　草图 5（零件环境）　　　　　图 4-155　草图 5（草图环境）

步骤 9 创建如图 4-156 所示的草图 6

单击草图区域的【草图绘制】 ✎，选择俯视图（XY）作为草图平面，绘制如图 4-157 所示的草图 6（注意圆弧的左右两端分别与草图 1 和俯视图（XY）的穿刺点、草图 2 和俯视图（XY）的穿刺点相连接，在圆弧左端绘制点 4），单击【关闭草图】 ✔，退出草图环境。

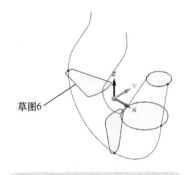

图 4-156 草图 6（零件环境）

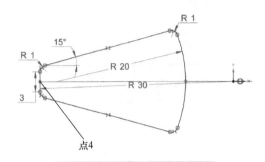

图 4-157 草图 6（草图环境）

步骤 10 创建如图 4-158 所示的草图 7

单击草图区域的【草图绘制】 ✎，选择平面 5 作为草图平面，绘制如图 4-159 所示的草图 7（注意圆弧的左右两端分别与草图 1 和平面 5 的穿刺点、草图 2 和平面 5 的穿刺点相连接，在圆弧左端绘制点 5），单击【关闭草图】 ✔，退出草图环境。

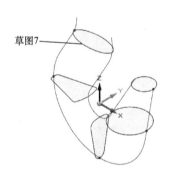

图 4-158 草图 7（零件环境）

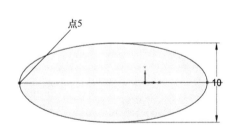

图 4-159 草图 7（草图环境）

步骤 11 创建如图 4-160 所示的放样拉伸特征 1

单击【特征】区域的【添料】下面的【放样】 📦，依次选择如图 4-161 所示的草图 7、草图 6、草图 5、草图 4、草图 3 作为截面，在【放样拉伸】工具条上单击【引导曲线步骤】 📐，选择如图 4-161 所示的草图 1 作为引导曲线 1，单击【接受】 ✔；选择如图 4-161 所示的草图 2 作为引导曲线 2，单击【接受】 ✔。单击【范围步骤】 ⚙，单击选择【顶点映射】 📐，弹出【顶点映射】对话框，选择【集 1】，单击【删除】，单击【添加】，依次选择如图 4-161 所示的顶点（草图 7）、顶点（草图 6）、顶点（草图 5）、顶点（草图 4）、顶点（草图 3），单击【关闭】关闭对话框。在【放样拉伸】工具条上单击【完成】，完成放样拉伸特征 1 的创建。

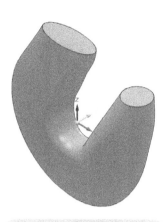

图 4-160　放样拉伸特征 1

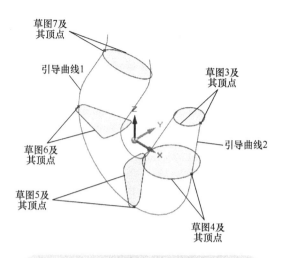

图 4-161　定义截面、引导曲线及映射集

对于有多个截面的放样特征，在选择截面时，应尽可能把光标移动到同一侧，再单击选择，这样更容易成功创建放样特征。定义顶点映射集也可以帮助正确地创建放样特征。

步骤 12　创建如图 4-162 所示的倒圆 1

选取如图 4-162 所示的边线作为要倒圆的对象，圆角半径为 4.9mm。

步骤 13　创建如图 4-163 所示的草图 8

单击草图区域的【草图绘制】✎，选择前视图（XZ）作为草图平面，绘制如图 4-164 所示的草图 8，单击【关闭草图】✓，退出草图环境。

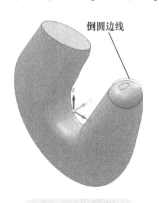

图 4-162　倒圆 1

图 4-163　草图 8（零件环境）

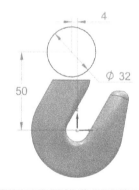

图 4-164　草图 8（草图环境）

步骤 14　创建如图 4-165 所示的草图 9

单击草图区域的【草图绘制】✎，选择右视图（YZ）作为草图平面，绘制如图 4-166 所示的草图 9（圆心与草图 8 和右视图（YZ）的穿刺点重合），单击【关闭草图】✓，退出草图环境。

步骤 15　创建如图 4-167 所示的扫描特征 1

单击【特征】区域的【添料】下面的【扫掠】🐌，弹出【扫掠选项】对话框，在【默认扫掠类型】处单击【单一路径和横截面】，其他参数按照系统默认即可，单击【确定】。在【扫描】工具条上选择【从草图 / 零件边选择】，在【选择】下拉列表中选择【链】，在图形区选择草图 8 作为扫描路径，单击【接受】☑，在图形区选择草图 9 作为扫描横截面，单击【接受】☑，单击【完成】，完成扫描特征 1 的创建。

图 4-165　草图 9（零件环境）

图 4-166　草图 9（草图环境）

图 4-167　扫描特征 1

步骤 16　创建如图 4-168 所示的倒圆 2

选取如图 4-168 所示的边线作为要倒圆的对象，圆角半径为 2mm。

步骤 17　创建如图 4-169 所示的平面 6

在【平面】区域单击【更多平面】▱，选择【平行】▱，选择右视图（YZ）作为参考平面，在【距离】文本框中输入"4"，在图形区 X 轴负方向单击，完成平面 6 的创建。

步骤 18　创建如 4-170 所示的草图 10

单击草图区域的【草图绘制】◢，选择平面 6 作为草图平面，绘制如图 4-171 所示的草图 10，单击【关闭草图】☑，退出草图环境。

图 4-168　倒圆 2

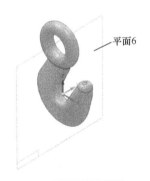

图 4-169　平面 6

图 4-170　草图 10（零件环境）

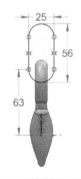

图 4-171　草图 10（草图环境）

步骤 19　创建如图 4-172 所示的草图 11

单击草图区域的【草图绘制】◢，选择前视图（XZ）作为草图平面，绘制如图 4-173 所示的草图 11，单击【关闭草图】☑，退出草图环境。

步骤 20　创建如图 4-174 所示的扫描特征 2

单击【特征】区域的【添料】下面的【扫掠】◓，弹出【扫掠选项】对话框，在【默认扫掠类型】处单击【单一路径和横截面】，其他参数按照系统默认即可，单击【确定】。在【扫描】

工具条上选择【从草图／零件边选择】，在【选择】下拉列表中选择【链】，在图形区选择草图 10 作为扫描路径，单击【接受】✓，在图形区选择草图 11 作为扫描横截面，单击【接受】✓，单击【完成】，完成扫描特征 2 的创建。

图 4-172　草图 11（零件环境）

图 4-173　草图 11（草图环境）

图 4-174　扫描特征 2

步骤 21　保存模型文件

单击【保存】💾，在【文件名】文本框中输入"吊钩"。

4.8　翼形螺母模型实例

本节介绍的翼形螺母模型实例，所用到的旋转、拉伸、阵列、旋转切割、倒圆、倒斜角等都是机械零件设计中常用的功能。通过本节的学习，读者可以系统地复习巩固这些功能的使用技巧，同时新增了法向功能的介绍，其可以在零件上添加规格、参数等字体标识。零件模型及路径查找器如图 4-175 所示。

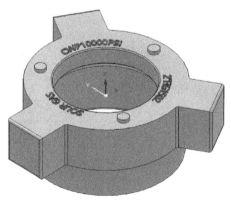

图 4-175　零件模型及路径查找器

操作步骤

步骤 1　选择零件模板

启动软件，选择【GB 公制零件 .par】模板新建一个零件，进入零件建模环境。

步骤2 创建如图4-176所示的旋转特征1

单击草图区域的【草图绘制】 ✐，选择前视图（XZ）作为草图平面，绘制如图4-177所示的草图1，绘制完成后，单击【关闭草图】 ✓退出草图。单击【特征】区域的【旋转】 📎，在【旋转】工具条上选择【从草图选择】，在【选择】下拉列表中选择【链】，然后在图形区选择草图1，单击【旋转】工具条上的【接受】 ✓，选择如图4-177的标识线段作为旋转特征1的【旋转轴】 ┉，在【旋转】工具条上单击【完成】，完成旋转特征1的创建。

步骤3 创建如图4-178所示的拉伸特征1

单击【特征】区域的【拉伸】 🏠，在【拉伸】工具条上选择【重合平面】，选择如图4-178所示的特征表面作为草图平面，绘制如图4-179所示的截面草图，绘制完成后，单击【关闭草图】 ✓退出草图。在【拉伸】工具条上单击选择【添料】 ⊹，单击选择【有限范围】 ▬，在【距离】文本框中输入"38"，在图形区Z轴负方向单击，以确定拉伸特征1的成型方向。在【拉伸】工具条上单击【完成】，完成拉伸特征1的创建。

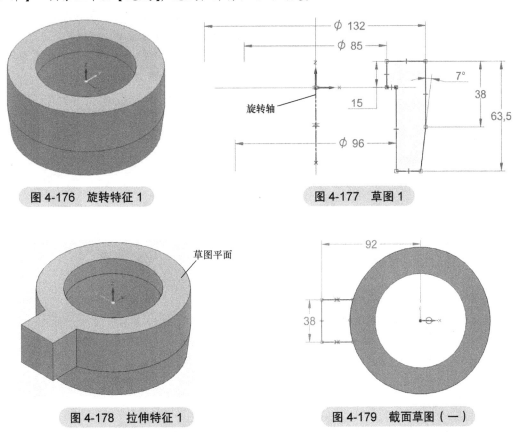

图4-176 旋转特征1

图4-177 草图1

图4-178 拉伸特征1

图4-179 截面草图（一）

步骤4 创建如图4-180所示的拉伸特征2

单击【特征】区域的【拉伸】 🏠，在【拉伸】工具条上选择【重合平面】，选择如图4-180所示的特征表面作为草图平面，绘制如图4-181所示的截面草图，绘制完成后，单击【关闭草图】 ✓退出草图。在【拉伸】工具条上单击选择【添料】 ⊹，单击选择【有限范围】 ▬，在【距离】文本框中输入"3"，在图形区Z轴正方向单击，以确定拉伸特征2的成型方向。在【拉伸】工具条上单击【完成】，完成拉伸特征2的创建。

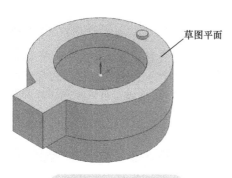

图 4-180　拉伸特征 2

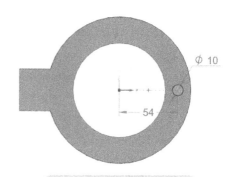

图 4-181　截面草图（二）

步骤 5　创建如图 4-182 所示的阵列特征 1

单击【阵列】区域的【阵列】，选择拉伸特征 1 和拉伸特征 2 作为阵列的对象，单击【阵列】工具条上的【接受】，选择俯视图（XY）作为草图平面，进入草图环境，在【特征】区域选择【圆形阵列】，绘制如图 4-183 所示的草图，在图形区单击以确定阵列的方向，在【阵列】工具条上选择阵列方式为【适合】，在【个数】文本框中输入"3"，单击【关闭草图】，退出草图环境。在【阵列】工具条上单击【完成】，完成阵列特征 1 的创建。

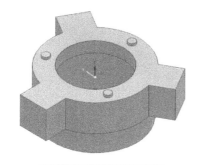

图 4-182　阵列特征 1

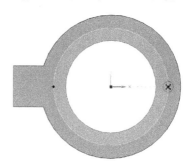

图 4-183　阵列草图

步骤 6　创建如图 4-184 所示的旋转切割特征 1

单击【特征】区域的【旋转切割】，在【旋转切割】工具条上选择【重合平面】，选择前视图（XZ）作为草图平面，绘制如图 4-185 所示的截面草图并定义旋转轴，绘制完成后，单击【关闭草图】退出草图。在【旋转切割】工具条上单击【完成】，完成旋转切割特征 1 的创建。

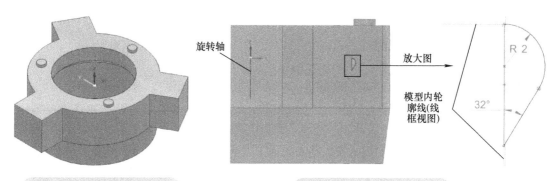

图 4-184　旋转切割特征 1

图 4-185　截面草图（三）

步骤7　创建如图 4-186 所示的草图 2

单击草图区域的【草图绘制】 ，选择如图 4-186 所示的特征表面作为草图平面，绘制如图 4-187 所示的草图 2，单击【关闭草图】 ，退出草图环境。

步骤8　创建如图 4-188 所示的法向拉伸特征 1

单击【特征】区域的【添料】下面的【法向】 ，在【法向】工具条上单击【接触曲线的面】 ，在【选择】下拉列表中选择【链】，在图形区选择草图 2 的所有字体轮廓，单击【接受】 ，在图形区 X 轴负方向单击，单击【完成】，完成法向拉伸特征 1 的创建。

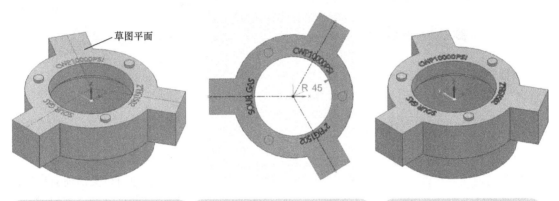

| 图 4-186　草图 2（零件环境） | 图 4-187　草图 2（草图环境） | 图 4-188　法向拉伸特征 1 |

步骤9　创建如图 4-189 所示的倒圆 1

选取如图 4-189 所示的面作为要倒圆的对象，圆角半径为 2mm。

步骤10　创建如图 4-190 所示的倒圆 2

选取如图 4-190 所示的边线作为要倒圆的对象，圆角半径为 2mm。

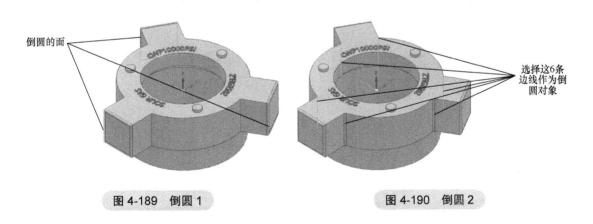

图 4-189　倒圆 1　　　　　　　　　　图 4-190　倒圆 2

步骤11　创建如图 4-191 所示的倒斜角 1

倒斜角类型按【深度相等】，选择如图 4-191 所示边线作为要倒斜角的边线，倒斜角深度为 1mm。

步骤12　创建如图 4-192 所示的倒斜角 2

倒斜角类型按【深度相等】，选择如图 4-192 所示边线作为要倒斜角的边线，倒斜角深度为 4mm。

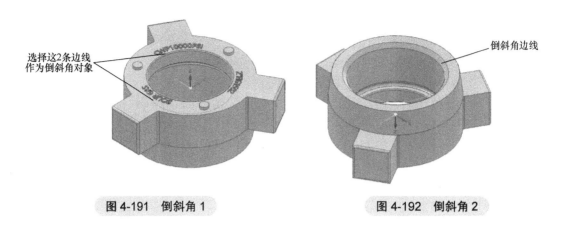

选择这2条边线
作为倒斜角对象

倒斜角边线

图 4-191　倒斜角 1　　　　　　图 4-192　倒斜角 2

步骤 13　保存模型文件

单击【保存】 ，在【文件名】文本框中输入"翼形螺母"。

4.9　特征的编辑和修复

通过 4.1 ~ 4.8 节的学习，已经学会了如何在顺序建模的环境下，使用实体特征命令逐步地完成模型的创建。在天工 CAD 2023 中，当用户打开一个历史模型时，也可以灵活地对模型进行编辑和修改，对错误的特征进行修复。本节将介绍如何诊断模型中的各种问题，如何对已有的特征进行编辑和修复。

在学习本节前，先打开模型文件夹下的"传动支架 .par"。修复前的零件模型及路径查找器如图 4-193 所示。

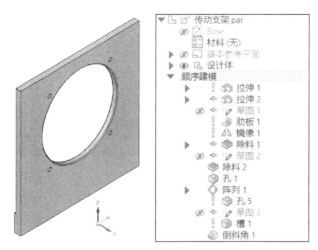

图 4-193　零件模型及路径查找器（修复前）

在编辑和修复特征时，采用以下技巧进行操作会更加方便。

● 当打开一个包含错误特征的模型时，在路径查找器中，有错误的特征在其名字前面会多出一个橙色感叹号或灰色箭头。在顺序建模中，特征都是以从上到下的顺序来创建的，一个基本特征产生错误，会导致一系列与之有父子关系的子特征也产生错误。所以，最好的修改错误的方法是从第一个有错误的特征开始。

● 将光标移动到路径查找器中出错的特征上，会出现详细的错误提示信息，用户可以根据此信息来修改出错的特征。

操作步骤

步骤 1 修复拉伸特征 1

根据路径查找器上拉伸 1 的提示信息"现有的轮廓包含错误"，在如图 4-193 所示的路径查找器中，右击拉伸 1，在弹出的快捷菜单中选择【编辑轮廓】，系统自动进入拉伸 1 的草图环境，如图 4-194a 所示。单击【关闭草图】，弹出【轮廓出错助手】对话框，在对话框内单击提示信息"轮廓未封闭，未连接高亮显示的元素"，单击【缩放错误元素位置】，弹出【快速选取】对话框，单击草图元素，系统会自动缩放草图以显示出错的位置。添加合适的约束关系以修复错误，如图 4-194b 所示。单击【关闭草图】，退出草图环境。在【拉伸】工具条上单击【完成】，完成拉伸特征 1 的修复，如图 4-195 所示。

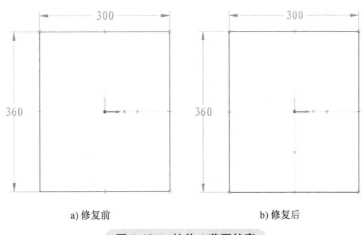

a) 修复前　　　　　　　　　　b) 修复后

图 4-194　拉伸 1 草图轮廓

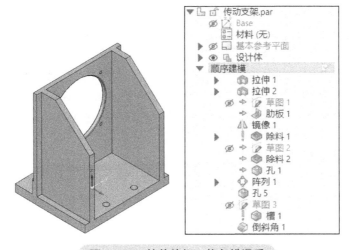

图 4-195　拉伸特征 1 修复错误后

步骤2　修复草图1

根据路径查找器上草图1的提示信息"无法重新计算：引用元素中缺少父级－平面"，在如图4-195所示的路径查找器中，右击草图1，在弹出的快捷菜单中选择【编辑定义】 ，在弹出的【草图】工具条上的【选择平面步骤】 下拉列表中选择【平行平面】，在弹出的【提示】对话框中单击【确定】，移动光标到如图4-196所示的特征平面上，但不要单击鼠标左键，按<N>键切换参考平面的方向，使之与草图1的原始放置平面的方向一致，再单击鼠标左键以选择参考平面。在【距离】文本框中输入"20"，按<Enter>键，在图形区Y轴正方向单击，以确定草图1放置平面的方向。在【草图】工具条上单击【完成】，完成草图1的修复，如图4-197所示。

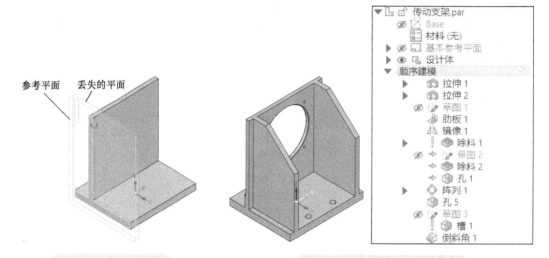

图4-196　特征平面　　　　　　　图4-197　草图1修复错误后

选择参考平面时，移动光标到参考平面上，先不要单击鼠标左键，根据提示条的信息"单击某个平的面或者参考平面。方向键：n＝下一步，b＝上一步，t＝切换，f＝翻转，p＝基准平面"进行相应的操作，可以切换平面的放置方向。

步骤3　修复除料特征1

根据路径查找器上除料1的提示信息"此特征的轮廓/父级平面有错误或缺失"，在如图4-197所示的路径查找器中，右击除料1，在弹出的快捷菜单中选择【编辑轮廓】 ，系统自动进入除料1的草图环境，如图4-198a所示，删除约束关系"包含"和尺寸"50"，重新添加约束关系和尺寸标注，如图4-198b所示，单击【关闭草图】 ，退出草图环境。在【除料】工具条上的【选择平面步骤】 下拉列表中选择【重合平面】，选择如图4-199所示的特征表面作为除料1草图轮廓的放置平面，在弹出的【提示】对话框中单击【确定】。在【除料】工具条上单击【完成】，完成除料特征1的修复，如图4-200所示。

步骤4　修复槽特征1

根据路径查找器上槽1的提示信息"零件未修改：编辑特征输入"，在如图4-200所示的路径查找器中，右击槽1，在弹出的快捷菜单中选择【编辑定义】 ，在【槽】工具条上单击【范围步骤】，单击选择【单侧延伸】 ，在【距离】文本框中输入"7"，按<Enter>键，在图形区Z轴正方向单击，以确定槽1的成型方向。在【槽】工具条上单击【完成】，完成槽特征1的修复，如图4-201所示。

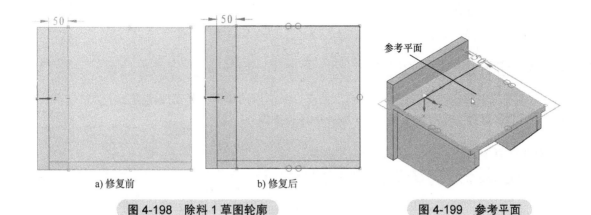

a) 修复前　　　　　　　　　b) 修复后

图 4-198　除料 1 草图轮廓　　　　　　图 4-199　参考平面

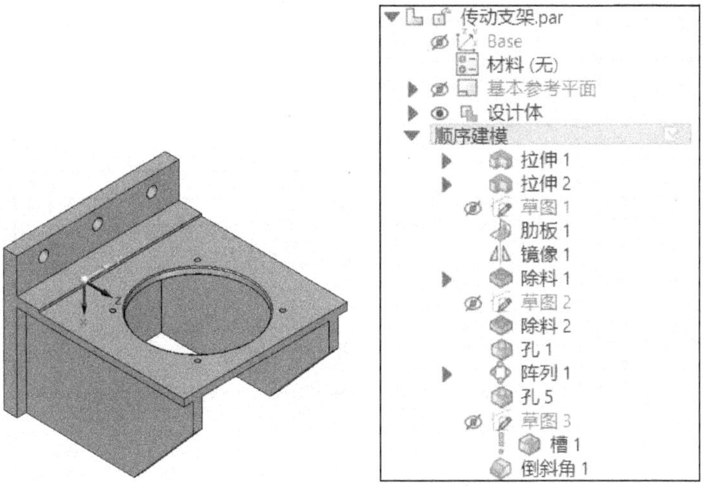

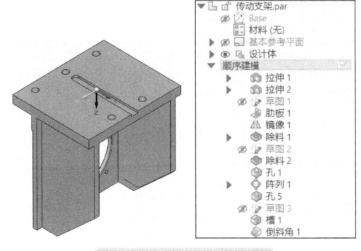

图 4-200　除料特征 1 修复错误后

图 4-201　槽特征 1 修复错误后

步骤5　保存模型文件

至此，该模型的所有错误特征已修复，单击【保存】🖫保存文件。

4.10　设计练习

本练习的主要任务是根据提供的模型信息，灵活应用特征工具完成建模工作。通过本节的练习，读者可以进一步巩固天工 CAD 2023 的建模知识。

4.10.1　导轨板

导轨板的模型及尺寸信息如图 4-202 所示。

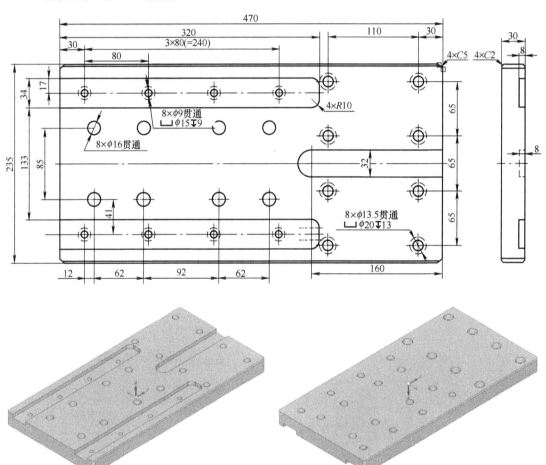

图 4-202　导轨板的模型及尺寸信息

操作步骤

步骤1　拉伸基体

使用【拉伸】命令创建长 470mm、宽 235mm、厚 30mm 的基体。

步骤2　创建导轨槽

使用【除料】命令创建长 320mm、宽 34mm、深 8mm 的导轨槽，并创建 R10 的圆角。

步骤 3　创建导轨安装孔

使用【孔】命令创建沉头孔，选择 GB Metric 标准，沉头直径为 15mm，沉头深度为 9mm，孔直径为 9mm。并创建孔的阵列，间距为 80mm，阵列数量为 4。

步骤 4　镜像导轨槽

镜像的特征包括除料、圆角、孔及孔的阵列。

步骤 5　创建槽特征

使用【槽】命令创建槽长 160mm、槽宽 32mm、端部为圆弧的槽特征，槽深度为 8mm。

此类特征也可使用【除料】命令来完成，但其草图绘制相对比较麻烦。使用【槽】命令的效率更高。

步骤 6　创建孔

分别创建两组孔：沉头孔和直径为 16mm 的定位销孔。在放置孔时完成孔位置尺寸的标注。

步骤 7　倒斜角

分别创建 C5 和 C2 的倒斜角。

4.10.2　承重杆

承重杆的模型及尺寸信息如图 4-203 所示。

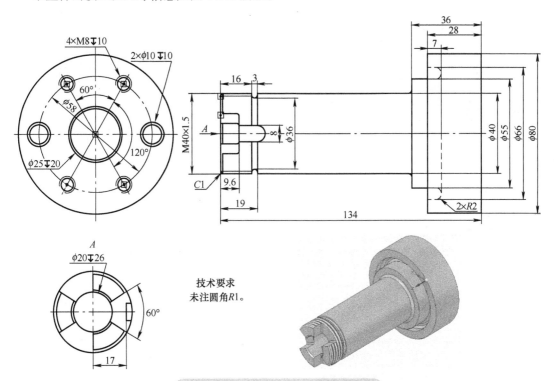

图 4-203　承重杆的模型及尺寸信息

操作步骤

步骤 1　旋转基体

使用【旋转】命令创建承重杆的基体。旋转特征的轮廓草图如图 4-204 所示。

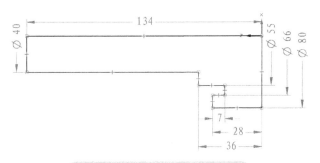

图 4-204　旋转特征的轮廓草图

步骤 2　创建孔特征

使用【孔】命令分别创建直径为 10mm 的定位销孔，并添加孔的起始倒斜角 C1；创建 M8 螺纹孔；创建直径为 25mm 的钻孔，并添加孔的起始倒斜角 C1。

步骤 3　创建退刀槽

使用【旋转切割】命令创建宽度为 3mm、深度为 2mm 的退刀槽，如图 4-205 所示。

图 4-205　创建退刀槽

步骤 4　创建外螺纹

使用【螺纹】命令创建规格为 M40×1.5 的外螺纹，如图 4-206 所示。

步骤 5　创建键槽

使用【槽】命令创建槽长 19mm、槽宽 8mm、端部为圆弧的槽特征，槽深度为 3mm，如图 4-207 所示。

图 4-206　创建外螺纹

图 4-207　创建键槽

步骤 6 创建孔特征

根据如图 4-203 所示的视图 A 的信息，使用【孔】命令创建直径为 20mm 的钻孔，并添加孔的起始倒斜角 C1。

步骤 7 创建端部爪型结构

使用【除料】命令创建除料特征，并进行圆形阵列，如图 4-208 所示。

步骤 8 倒圆和倒斜角

分别创建 R2 和 R1 的圆角，以及 C1 的倒斜角。

4.10.3 球阀阀体

球阀阀体的模型及尺寸信息如图 4-209 所示。

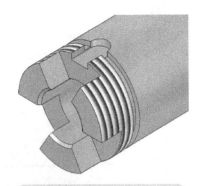

图 4-208 创建端部爪型结构

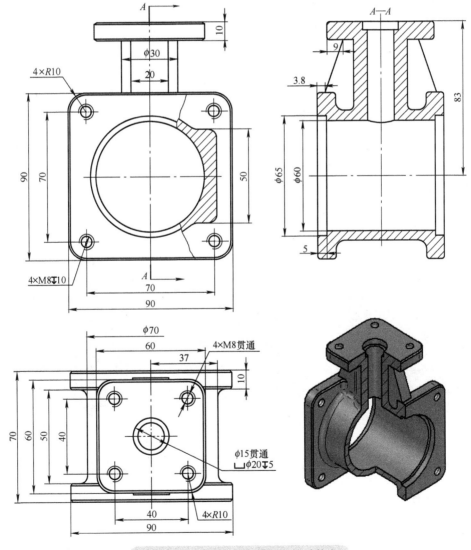

图 4-209 球阀阀体的模型及尺寸信息

操作步骤

步骤 1　拉伸基体

使用【拉伸】命令创建阀体的基体，拉伸特征及其轮廓草图如图 4-210 所示。

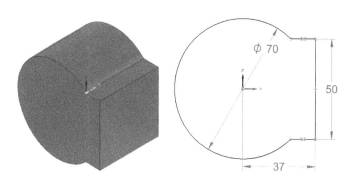

图 4-210　拉伸特征及其轮廓草图

步骤 2　创建侧面法兰

使用【拉伸】命令创建阀体一侧的法兰，并添加 R10 倒圆，创建 M8 螺纹孔，然后镜像，如图 4-211 所示。

步骤 3　创建顶部法兰

使用【拉伸】命令创建顶部法兰及其连接部位，并添加 R10 倒圆，创建 M8 螺纹孔，如图 4-212 所示。

步骤 4　创建加强筋

使用【筋】命令创建加强筋并镜像，如图 4-213 所示。

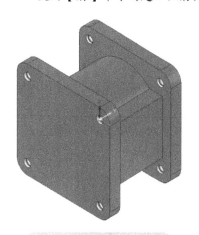
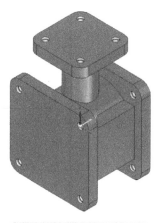
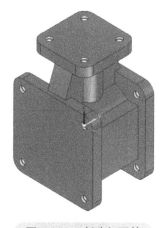

图 4-211　创建侧面法兰　　**图 4-212　创建顶部法兰**　　**图 4-213　创建加强筋**

步骤 5　创建内部腔体

使用【旋转切割】命令创建内部腔体，如图 4-214 所示。

步骤 6　创建阀芯孔

使用【孔】命令创建阀芯通孔，类型为沉头孔，如图 4-215 所示。

图 4-214　创建内部腔体

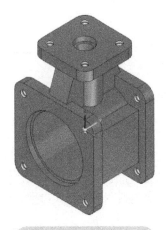

图 4-215　创建阀芯孔

步骤 7　倒圆和倒斜角

对边角进行倒圆 $R4$ 及倒斜角 $C1$。

第5章

5

参数化建模

天工 CAD 2023 可以定义变量和方程式，通过在变量之间建立函数关系，来实现参数化建模。本章结合产品设计实例，介绍参数化建模的方法，帮助读者轻松掌握参数化建模的技巧。本章内容主要包括草图方程式参数化建模和管件变量驱动参数化建模。

5.1 草图方程式参数化建模

操作步骤

步骤 1　选择零件模板

启动软件，选择【GB 公制零件 .par】模板新建一个零件，进入零件建模环境。

步骤 2　绘制草图

绘制如图 5-1 所示的草图，并标注尺寸。

步骤 3　修改变量名称

在任一尺寸上单击鼠标右键，在快捷菜单中选择【显示所有公式】。双击尺寸"80"，弹出【修改】工具条，在【名称】文本框中将尺寸名称改为"L"，单击【接受】☑。以同样的方式修改其余尺寸变量的名称，结果如图 5-2 所示。

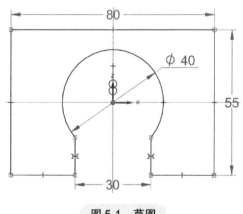

图 5-1　草图　　　　　　　　　　　图 5-2　修改尺寸变量名称

在修改变量名称时，需要注意下列说明事项：

● 变量名称不区分大小写。例如，如果创建变量"VAR1"，则不能创建名称为"var1"的其他变量。

● 放置驱动尺寸时，系统会自动定义变量名称。草图中添加的尺寸，名称一般以"V+ 数字"组成，如 V417。特征尺寸也会自动生成变量，名称以"特征名称＋尺寸描述"组成。

● 常见的类型有 Dim、Var、Scalar 等。DIM 指的是尺寸关系，VAR 指的是用户创建的变量。

步骤 4　启动变量表命令

单击【工具】选项卡，单击【变量】区域的【变量】，弹出【变量表】对话框。单击【列表视图】，使变量表以列表视图显示。单击【过滤器】，弹出【过滤器】对话框，【类型】选择【尺寸】和【用户变量】,【命名者】选择【用户和系统】,【图形所在位置】选择【文件】，单击【确定】。变量表显示效果如图 5-3 所示。

类型	名称		值	单位	规则	公式	范围	显示	显示名称	注释
Dim	L	🔒	80.00	mm				☐		
Dim	W	🔒	55.00	mm				☐		
Dim	X	🔒	30.00	mm				☐		
Dim	D	🔒	40.00	mm				☐		
Var	PhysicalPro...		0.000	kg/m^3	限制		[0.000 ...	☑	密度	
Var	PhysicalPro...		0.990		限制		(0.000;...	☑	精度	

图 5-3　变量表显示结果

步骤 5　创建方程式

创建如图 5-4 所示的方程式（公式）来控制变量。

类型	名称		值	单位	规则	公式	范围	显示	显示名称	注释
Dim	L	🔒	80.00	mm				☐		
Dim	W		55.00	mm	公式	= L /2+15		☐		
Dim	X		27.00	mm	公式	=FIX(L /3)+1		☐		
Dim	D		40.00	mm	公式	= L /2		☐		
Var	PhysicalPro...		0.000	kg/m^3	限制		[0.000 ...	☑	密度	
Var	PhysicalPro...		0.990		限制		(0.000;...	☑	精度	

图 5-4　创建方程式

在创建方程式时，需要注意下列说明事项：

● 公式可以只由变量组成，也可以是由软件内的常量、用户定义的变量或尺寸变量任意组合的数学表达式。

● 可以在【变量表】对话框的【公式】列中直接输入表达式，也可以使用函数向导或使用【变量规则编辑器】对话框中的【公式】来创建表达式。

● 系统提供了一组标准数学函数。通过单击【变量表】对话框中的【公式】 *fx* 启动"函数向导"。其中，FIX 函数表示返回数值的整数部分。

● 若在创建表达式时引用其他变量，则可以在输入运算符后，单击要引用变量的名称，该名称将自动到表达式中，而不需要手动输入。

● 变量总是具有一个值。如果值单元格的背景颜色是灰色，表明该值是从动的。

步骤6　验证方程式

修改尺寸"L"的值为"60"，查看其余尺寸的变化，如图5-5和图5-6所示。可以在【变量表】对话框中变量"L"所在的值单元格修改值，或者在绘图区单击尺寸进行修改。

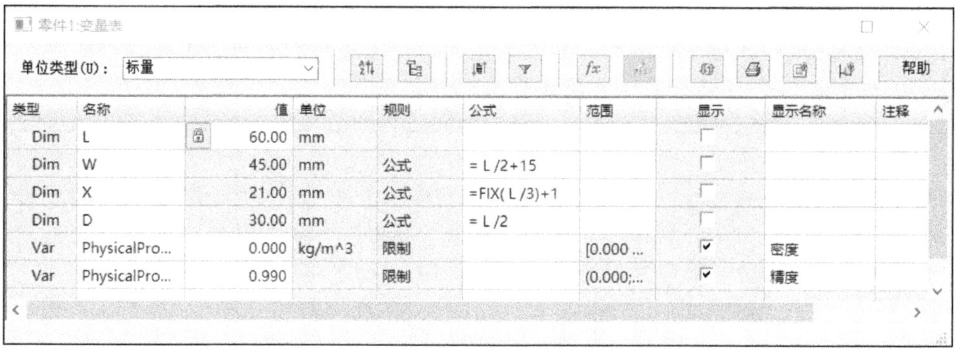

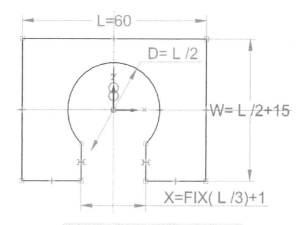

类型	名称		值	单位	规则	公式	范围	显示	显示名称	注释
Dim	L	🔒	60.00	mm				☐		
Dim	W		45.00	mm	公式	= L /2+15		☐		
Dim	X		21.00	mm	公式	=FIX(L /3)+1		☐		
Dim	D		30.00	mm	公式	= L /2		☐		
Var	PhysicalPro...		0.000	kg/m^3	限制		[0.000 ;	☑	密度	
Var	PhysicalPro...		0.990		限制		(0.000;	☑	精度	

图 5-5　变量值的修改（[变量表] 对话框）

$$L=60$$
$$D= L /2$$
$$W= L /2+15$$
$$X=FIX(L /3)+1$$

图 5-6　变量值的修改（绘图区）

步骤7　保存模型文件

关闭【变量表】对话框，退出草图并保存模型文件。

5.2　管件变量驱动参数化建模

操作步骤

步骤1　打开零件

启动软件，打开模型文件"管件 .par"。

步骤2　启动变量表命令

单击【工具】选项卡，单击【变量】区域的【变量】▥，弹出【变量表】对话框。

步骤3　修改变量名称

在【变量表】对话框中双击变量名称的单元格，可以对变量名称进行修改。按照表5-1所示对所列的尺寸进行重命名。

表 5-1　变量重命名前后对照

旧名称	新名称	旧名称	新名称
拉伸 _1_ 有限深度	L	V734	N
V525	E	V735	P

步骤 4　创建方程式

为变量 "E" 和 "N" 创建方程式（公式）。双击变量 "E" 公式所在的单元格，输入方程式 "=(L - P *(N -1))/2"，以定义孔端部距离；双击变量 "N" 公式所在的单元格，输入方程式 "=INT(L / P +0.5)"，以定义孔阵列的数量，如图 5-7 所示。

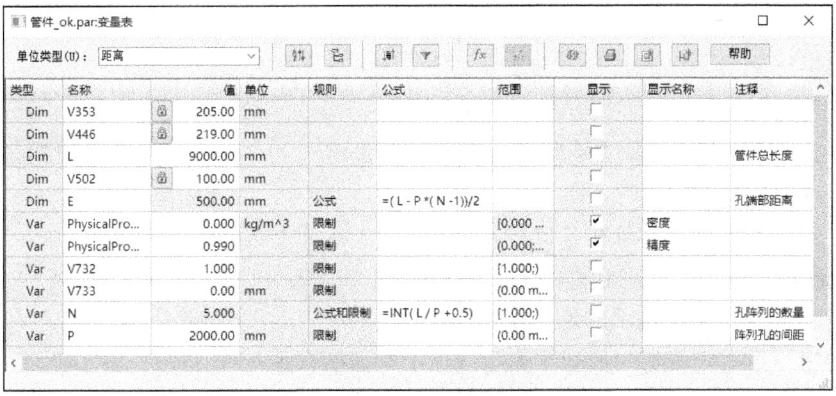

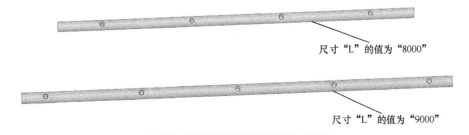

图 5-7　创建方程式

INT 函数的含义是数字取整。方程式 "=INT(X+0.5)" 的含义是对数值 X 四舍五入取整。

步骤 5　验证方程式

修改尺寸 "L" 的值为 "9000"，查看模型的变化，如图 5-8 所示。

尺寸 "L" 的值为 "8000"

尺寸 "L" 的值为 "9000"

图 5-8　修改变量值时模型的差异

步骤 6　保存模型文件

关闭【变量表】对话框，保存模型文件。

扫码看本章视频

第6章

模型的测量与分析

6

产品设计过程中，经常需要对模型进行测量和分析，包括点、线、面之间的距离，角度，曲线长度，面积等的测量，以及对模型的物理属性进行分析。通过本章的学习，读者可以掌握这些功能的使用方法。本章以一个模型为例，说明几种不同的测量类型及其一般的操作过程，并分析模型的物理属性。

操作步骤

步骤 1　打开模型文件

启动软件，打开模型文件"模型的测量与分析 .par"。

步骤 2　打开测量工具

在功能区单击【测量与检查】选项卡，在【3D 测量】区域，单击【测量】 ，弹出如图 6-1 所示的【测量】工具条。

【测量】工具条中各个选项的说明如下：

● 按钮：单击此按钮，打开【测量选项】对话框，进行测量选项的设置，包括距离和角度、累计测量和元素测量。

● 按钮：单击此按钮，打开【单位】对话框，可以对单位以及舍入的小数位数进行设置。

● 按钮：在点到点测量模式和元素间测量模式之间切换。

● 按钮：单击选择测量类型，包括智能距离、最短距离和最大距离。开启点到点测量模式时，此按钮为灰色不可选状态。

● 按钮：在公共原点测量和元素间测量之间切换。开启按下时为公共原点测量。

● 按钮：重新定义公共原点。只有在 按钮被按下且至少选择两个测量元素时，此按钮才可用。

● 所有元素 下拉框：下拉指定选择测量元素的类型，使选择元素更加准确便捷。

图 6-1 【测量】工具条

● 按钮：单击设置定位的关键点类型。

● Base 下拉框：为测量指定坐标系。当模型含有一个以上坐标系时，可下拉切换。

● 按钮：显示或隐藏【测量】对话框。按下时显示【测量】对话框。

● 按钮：在变量表中创建测量变量。

● 重置 按钮：清除输入并返回至该命令的初始状态。可以单击鼠标右键来代替单击此按钮。

● 关闭 按钮：单击此按钮，关闭【测量】工具条。

步骤 3　测量面到面的距离

选取如图 6-2 所示的模型表面 1，再选取如图 6-2 所示的模型表面 2，查看测量结果，如图 6-2 所示。也可以通过【测量】对话框来查看测量结果，如图 6-3 所示。

按住 <Ctrl> 键，在已选择的测量元素上单击，可以取消选择。

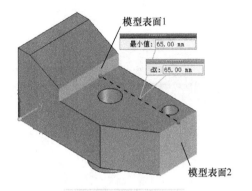

图 6-2　面到面的距离

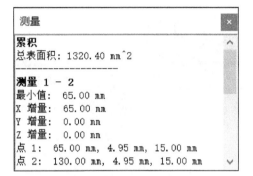

图 6-3　【测量】对话框

步骤 4　测量其他距离

单击【测量】工具条上的【重置】，重新选择元素进行测量。参考步骤 3 的操作，分别测量点到面、点到线、线到线、点到曲线的距离，结果分别如图 6-4～图 6-7 所示。

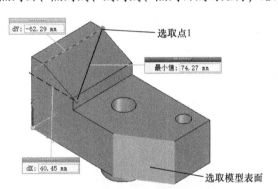

图 6-4　点到面的距离

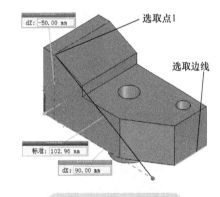

图 6-5　点到线的距离

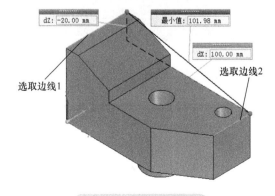

图 6-6　线到线的距离

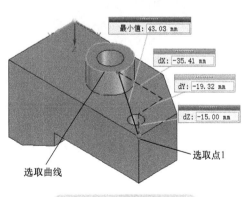

图 6-7　点到曲线的距离

步骤5 测量角度

参考步骤3的操作，分别测量面与面、线与面、线与线之间的角度，结果分别如图6-8~图6-10所示。

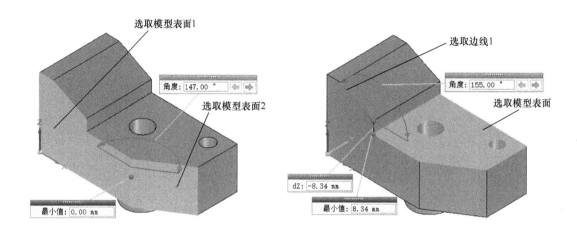

图6-8 面与面的角度　　　　　　　　图6-9 线与面的角度

步骤6 按关键点测量角度

在【测量】工具条上选择【关键点】，分别选取如图6-11所示的点1、点2、点3，测量结果如图6-11所示。

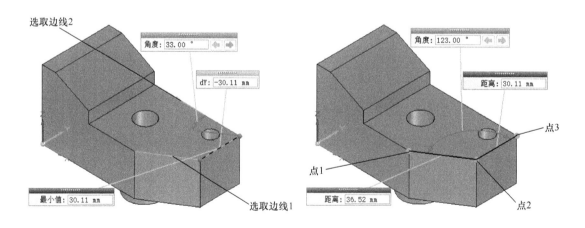

图6-10 线与线的角度　　　　　　　　图6-11 按关键点测量角度

步骤7 测量曲线的长度

在【测量】工具条上选择【曲线】，然后选取如图6-12所示的曲线，测量结果如图6-12所示。

步骤8 测量面积

在【测量】工具条上选择【面】，然后选取如图6-13所示的模型表面，测量结果如图6-13所示。

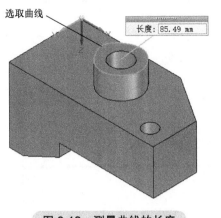

图 6-12 测量曲线的长度

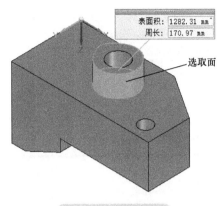

图 6-13 测量面积

步骤 9 分析模型的物理属性

在功能区单击【测量与检查】选项卡，在【物理属性】区域，单击【属性】 ，弹出如图 6-14 所示的【物理属性】对话框。

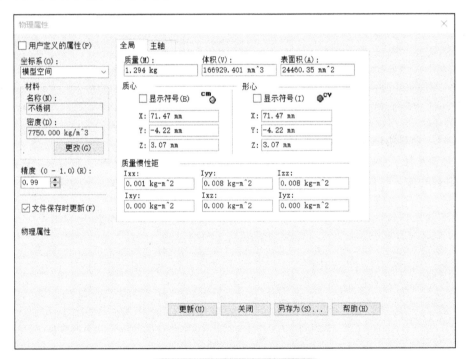

图 6-14 【物理属性】对话框

步骤 10 更改模型的材料

在【物理属性】对话框的【材料】处单击【更改】，弹出如图 6-15 所示的【材料表】对话框，选择【铝 7075-T6】作为模型的材料，并单击【应用于模型】，系统会关闭【材料表】对话框并返回到【物理属性】对话框，各物理属性信息会自动更新。

若物理属性未更新，可单击【更新】来手动更新。

图 6-15 【材料表】对话框

步骤 11 查看物理属性

在【物理属性】对话框中的【全局】选项卡下，可以查看质量、体积、表面积、质心、形心、质量惯性矩的数据，在【主轴】选项卡下，可以查看主轴方向、主惯性矩、回转半径的数据。

第7章

零件族 7

天工 CAD 2023 的零件族功能，可以在单一的零件文件中生成多个设计变化。对于一些系列零件，不同规格的零件的尺寸是不相同的，但它们的特征结构是相似的。这种系列零件的设计就可以通过零件族功能来实现。本章以法兰零件族建模为例讲解创建零件族的一般过程。

操作步骤

步骤 1　打开模型文件

启动软件，打开模型文件"法兰零件族 .par"。

步骤 2　打开【零件族】窗格

在【视图】选项卡中，单击【显示】区域的【窗格】⬚，打开【窗格】下拉列表，选择【零件族】⬚，系统弹出如图 7-1 所示的【零件族】窗格。

【零件族】窗格中各个选项的说明如下：

- ⬚ **按钮**：新建零件族成员。
- ⬚ **按钮**：复制零件族成员。
- ⬚ **按钮**：对零件族成员进行重命名。
- ⬚ **按钮**：删除零件族成员。
- ⬚ **按钮**：打开零件族表，以进行表格的编辑。
- 应用(A) **按钮**：使模型更新显示为所选的零件族成员。
- ⬚ **按钮**：抑制零件族成员的特征。从路径查找器或绘图区选择特征，然后单击此按钮抑制。
- ⬚ **按钮**：取消抑制特征。在【抑制的顺序建模特征】窗口中选择特征，单击此按钮取消抑制。
- ⬚ **按钮**：可从变量表添加变量到【变量】窗口中。
- ⬚ **按钮**：将【变量】窗口中的变量移除。

步骤 3　新建零件族成员

在【零件族】窗格中单击【编辑表】⬚，打开【零件族】对话框。单击【新建成员】⬚，在【新建成员】对话框的【成员名称】文本框中输入"DN50"，单击【确定】。以相同的操作分别新建名为"DN80""DN100""DN200"和"DN250"的成员。

步骤 4　修改成员变量参数

在【零件族】对话框的【变量】区域，按照表 7-1 所示对应填写数值，结果如图 7-2 所示。

步骤 5　保存表参数

单击【保存】⬚，对零件族的表参数进行保存。单击【确定】，关闭【零件族】对话框。

图 7-1 【零件族】窗格

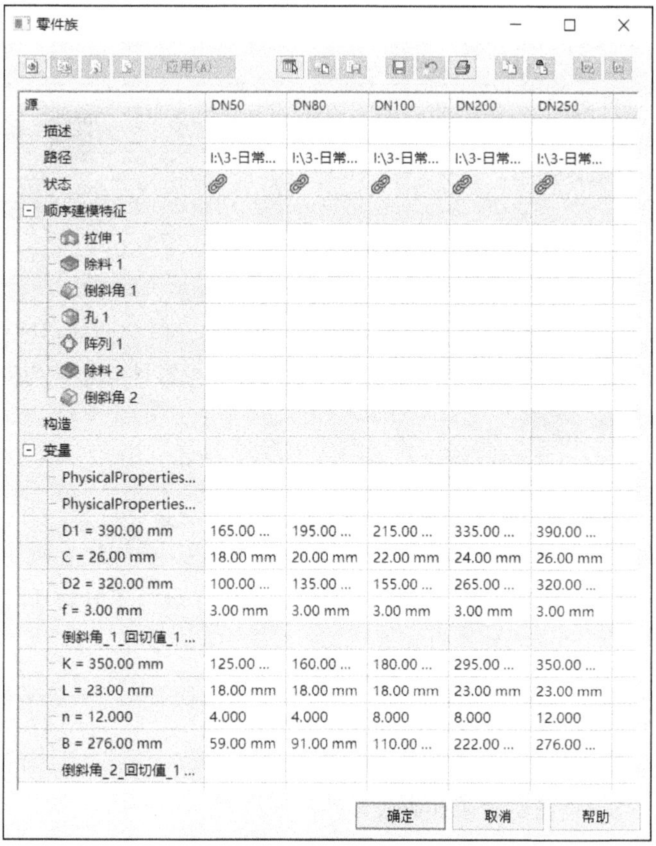

图 7-2 修改成员变量参数

表 7-1 零件族成员变量参数

变量名	零件族成员				
	DN50	DN80	DN100	DN200	DN250
D1	165	195	215	335	390
C	18	20	22	24	26
D2	100	135	155	265	320
f	3	3	3	3	3
K	125	160	180	295	350
L	18	18	18	23	23
n	4	4	8	8	12
B	59	91	110	222	276

步骤 6 应用成员

单击【零件族】窗格中【成员列表】下拉框选择成员，单击【应用】，模型更新显示为所选的零件族成员，如图 7-3 所示。

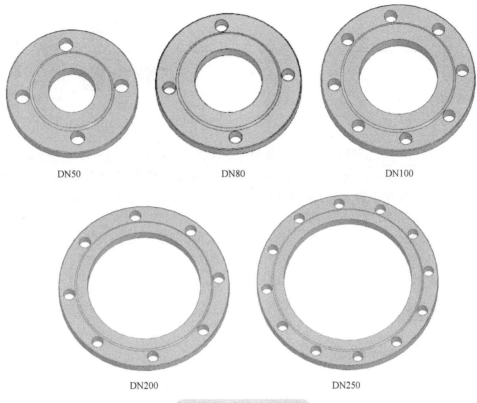

DN50　　　　　　　　DN80　　　　　　　　DN100

DN200　　　　　　　　DN250

图 7-3　应用成员显示

步骤 7　填充成员

在【零件族】窗格中单击【编辑表】圆，弹出【零件族】对话框，单击【选择所有成员】圆，选择所有零件族成员，单击【填充成员】圆以填充所有成员，每个成员会生成单独的 par 零件，可在文件夹下查看。

零件族成员的状态说明如下：

● 零件族成员状态行显示【过时的】⏱，表示该成员参数有修改，未同步到填充成员的 par 零件。

● 零件族成员状态行显示【最新的】🔗，表示该成员已同步修改至 par 零件并产生关联关系。

步骤 8　保存模型文件

关闭【零件族】对话框，保存模型文件。

工程图是产品研发、设计和制造过程中较为重要的技术文件，零件模型需要借助工程图将其要求加工的尺寸精度、表面粗糙度、几何公差等表达清楚。零件和装配体的设计完成后，需要将其信息在工程图中表达出来，这样才能向工程技术人员传递具体的几何形状和尺寸信息，最终指导工人进行零件的加工和装配。

本章介绍天工 CAD 2023 工程图基础内容，让读者快速入门使用天工 CAD 2023 工程图，内容主要包括工程图环境的设置、工程图创建的一般过程、各种视图的创建、视图的编辑与修改及显示模式、尺寸的标注、模板制作、表格制作等。

8.1　工程图概述

8.1.1　进入工程图环境

进入天工 CAD 2023 工程图环境有多种方法，常见的有以下三种：

1）在欢迎界面中选择【新建】，选择【公制工程图】选项，即可进入工程图环境。

2）在顶部工具栏中选择【新建】，系统弹出如图 8-1 所示的【新建】对话框，在该对话框中选择工程图模板，后缀名称为 dft 的文档打开，进入工程图环境。

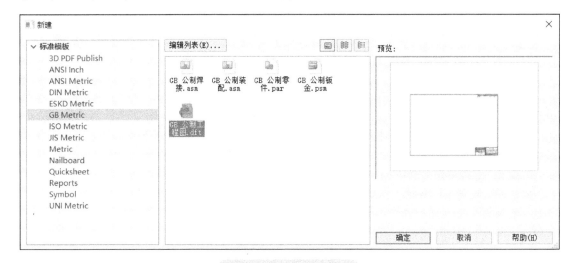

图 8-1　【新建】对话框

3）在已打开的零件 / 装配体模型界面上，单击顶部工具栏中的【新建】，从其下拉选项中选择【当前模型的图纸】，通过【浏览】选择工程图模板，如图 8-2 所示，进入当前模型的工程图环境。

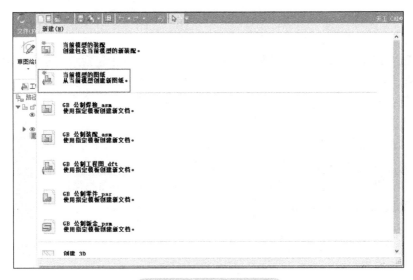

图 8-2　选择工程图模板

在【创建图纸】对话框中，勾选【运行图纸视图创建向导】复选框，系统将会以向导的方式一步步引导用户进行图纸的创建，如果不勾选，则进入工程图环境，默认放置模型三视图。

8.1.2　工程图环境的工作界面

进入工程图环境以后，其工作界面如图 8-3 所示。

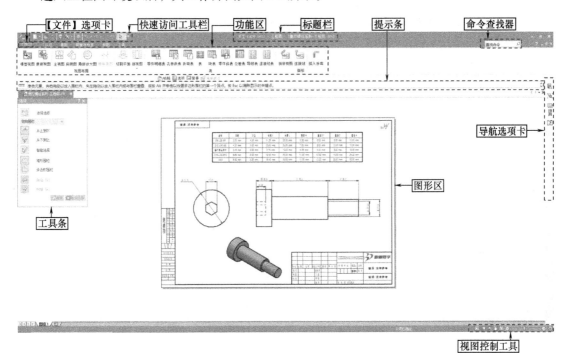

图 8-3　工程图环境的工作界面

●【文件】选项卡：主要用于修改软件设置选项内容，如视图、颜色、单位等。

● **快速访问工具栏**：快速新建、打开、保存、撤销、重做等操作。

● **标题栏**：显示当前的软件版本以及当前窗口模型文件名称。

● **功能区**：创建与修改工程图所用到的所有工具，功能区中包括六个命令选项卡，每个选项卡对应不同工具，用户可以自定义选项卡与定制工具摆放位置。

● **工具条**：选用工具后引导操作步骤。

● **导航选项卡**：快速调用零件、切换图层等。

● **图形区**：工程图图面显示内容。

● **提示条**：对命令工具操作起到指引提示作用。

● **命令查找器**：可通过查找器输入关键词查找工具位置和不熟悉操作。

● **视图控制工具**：控制视图的平移、缩放、居中等常用工具。

8.1.3 工程图环境的基本操作

1. 基本鼠标操作

单击鼠标左键：确定选择。

单击鼠标右键：功能取消 / 快捷菜单。

滚动鼠标滚轮：放大或缩小。

单击鼠标中键：平移图纸。

双击鼠标中键：将图纸调整至适当大小。

<Alt> 键 + 鼠标中键拖动：框选位置放大。

按住鼠标右键：快捷圆盘菜单。

按住鼠标左键拖动出一个矩形框，可选择多个对象。

将光标移动到多层的对象上，停留 0.5s，出现 光标，然后单击鼠标右键出现【快速选取】对话框，可从中筛选对象。

2. 快捷键

天工 CAD 2023 默认键盘快捷键如图 8-4 所示，也可单击【文件】→【设置】→【定制】，打开【定制】对话框来修改，熟悉快捷键可大大提高制图效率。

3. 快捷菜单

在工程图中选择不同的对象后，选中对象会有颜色变化提醒，然后单击鼠标右键会出现对应的快捷菜单，可对选中的对象进行相关联的设置与修改，如选中任一视图或尺寸等要素后单击鼠标右键，出现视图修改工具快捷菜单，如图 8-5a 所示。

在空白处按住鼠标右键 1s 出现快捷键圆盘菜单（内外圈两层），如图 8-5b 所示，可快速选择常用的工具，将光标移动到命令工具上松开鼠标右键即为选中。

图 8-4 天工 CAD 2023 默认键盘快捷键

圆盘菜单上的工具可自由替换，单击快速访问工具栏中的▼图标→【定制】→【圆盘菜单】，打开【定制】对话框的【圆盘菜单】选项卡，从左侧软件工具中选中一个工具，按住鼠标左键拖入到圆盘菜单位置替换即可。

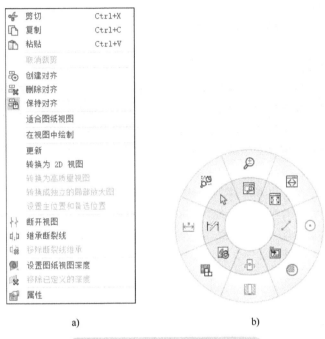

a)　　　　　　　　　　　　　　　　b)

图8-5　尺寸快捷菜单和圆盘菜单

8.1.4　工程图系统选项设置

　　工程制图前，通常根据用户需求，设置软件系统选项，如采用的设计标准、单位、尺寸精度、投影角度等内容。修改确定后，系统自动保存设置记录，以后打开任何工程图均为相同系统设置。常用设置内容，可通过单击【文件】→【设置】→【选项】，打开【天工选项】对话框进行项目选项设置。工程图的尺寸样式、视图样式、边显示样式等均默认设置为国家标准。

8.2　创建工程图

8.2.1　创建工程图的一般过程

1. 创建工程图文件
1）单击【新建】命令或按钮。
2）设置图纸大小、名称及背景。

2. 创建视图
1）添加主视图。
2）添加主视图的投影图（左视图、右视图、俯视图和仰视图）。
3）如有必要，可添加详细视图（即放大图）和辅助视图等。
4）利用视图移动命令，调整视图的位置。

5）设置视图的显示模式，如视图中不可见的孔，可进行消隐或用虚线显示。

3. 尺寸标注

1）添加必要的草图尺寸。

2）添加尺寸公差。

3）创建基准，进行几何公差标注，并标注表面粗糙度。

8.2.2　图纸的创建

天工 CAD 2023 工程图结构分背景模板层和绘制层两个部分。背景模板层放图框尺寸、标题栏内容等统一信息，绘制层放置当前模型的视图、尺寸标注等信息。结构类似于背景模板层上铺一块玻璃，图样信息绘制在玻璃上，如要修改背景模板层中图框信息，需掀开玻璃。

进入工程图环境后，窗口左下角会显示目前打开的"图页 1"，单击右侧的 ▣ 图标可插入新工作图纸，如图 8-6 所示。

默认打开图页纸张大小为 A2，软件提供四种纸张大小的模板（A4、A3、A2、A1），如需切换模板，双击图页名称，进入【图纸设置】对话框，如图 8-7 所示，修改背景图纸即可，背景图纸可选择四种格式大小，即为软件默认提供的四种模板大小。若要修改打开工程图时的默认背景图纸，可打开系统默认模板文件位置，选择默认标准工程图模板进行打开，修改背景图纸规格后，关闭【图纸设置】对话框，保存即可。关于自定义模板制作方法，后面章节会有详细说明。

图 8-6　工作图纸页

图 8-7　【图纸设置】对话框

【图纸设置】对话框中的【大小】选项卡可以修改与定制背景图页尺寸；【名称】选项卡可以修改图页名称。

注意：若打开的为 GB 标准的工程图，则系统已默认设置有四种规格纸张的中文模板，图框尺寸也符合 GB 标准。若有其他版式模板可自定义创建。

选择图页名称后单击鼠标右键弹出图页快捷菜单，如图 8-8a 所示，可插入、删除、重排序、重命名图页等。【背景】命令可显示与隐藏背景图纸。【2D 模型】命令可显示与隐藏 2D 自由绘图页，2D 绘图页中可使用草图工具自由绘制图形，类似于 AutoCAD 的绘图功能。【编辑图纸格式】命令可修改背景模板图框。

图页快捷菜单中的【设置图纸比例】命令可修改图页的显示比例，默认比例是 1:1，可选择比例或直接输入比例值修改，如图 8-8b 所示，当修改比例后，图纸页中标题栏对应的比例值也会跟随变化，如图 8-8c 所示。

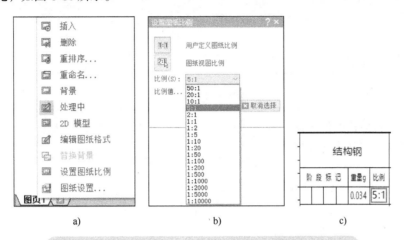

a)　　　　　　　　　　　　b)　　　　　　　　　　　c)

图 8-8　图页快捷菜单、设置图纸比例、标题栏显示比例

8.3　工程图视图

工程图视图是制图的主要部分，视图可通过多种展示形式，展现模型的真实结构与属性信息。本节主要介绍工程图制作中涉及的各种视图及视图的相关操作。

8.3.1　插入图纸视图

以 body.par 模型为例，在工程图中插入如图 8-9 所示的模型视图，说明插入视图的方法。body.par 模型所在位置为软件安装文件夹 \NDS\TianGong 2023\Training。

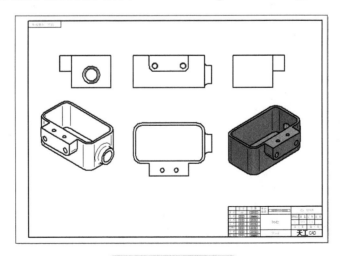

图 8-9　模型视图插入

方法 1——模型视图。进入工程图环境，单击【工程图】选项卡→【模型视图】，如图 8-10 所示；在模型窗口右下角选择【零件文档（*.par）】，打开安装文件夹中的 NDS\TianGong

2023\Training\body.par。视图插入后可通过鼠标滚轮调节视图比例。放置主视图后移动光标位置，依次可以生成其他的投影视图。

图 8-10 模型视图

方法 2——当前模型的图纸。当软件打开为零件或装配环境时，可从【新建】下拉菜单中选择【当前模型的图纸】，如图 8-11 所示，选择创建的工程图模板后，即可将模型视图插入到工程图环境中。视图插入后可通过鼠标滚轮调节视图比例。放置主视图后移动光标位置，依次可以生成其他的投影视图。

方法 3——创建图纸。装配体环境下，在结构树中右击某一零件，从快捷菜单中选择【创建图纸】，如图 8-12 所示，即可创建该零件的工程图，如方法 1、2，选择工程图模板后，放置投影视图即可。

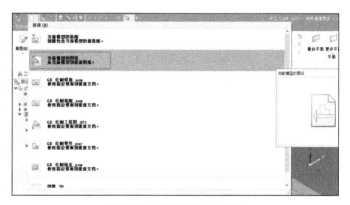

图 8-11 当前模型的图纸

若钣金零件创建有展平图样，将视图插入工程图纸，在放置视图位置前，通过工具条打开【图纸模型视图】对话框，选择【展平图样】，即可插入钣金展平图样，如图 8-13 所示。

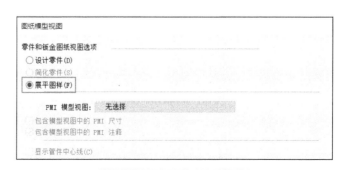

图 8-12 创建图纸   图 8-13 钣金展平图样插入

8.3.2 修改图纸视图

1. 修改视图方向

选择需修改的投影视图后，单击工具条中的【视图方向】，从下拉菜单中选择修改的视图即可，如图 8-14a 所示。

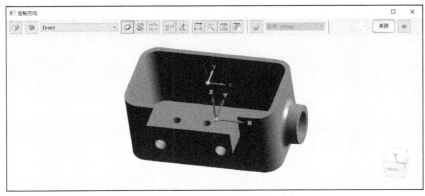

| a) | b) |

图 8-14 修改视图方向与定制图纸视图

2. 定制图纸视图

选择需修改的投影视图后，单击工具条中的【图纸视图布局】→【定制】，可自定义修改投影视图，也可通过【图形】工具条或者【快速查看立方体】修改，当窗口视图设定为期望的投影视图后，单击工具条中的【关闭】→【确定】，即可修改，如图 8-14b 所示。

如果有多个关联投影视图，修改确定后，会自动弹出对话框，提示"对齐视图的方向也将修改，要继续吗？"，单击【是】可修改关联的所有视图。

3. 修改视图比例

除了插入视图后通过鼠标滚轮调整视图比例外，放置视图后，选择任一视图，可从工具条的【比例】下拉菜单中选择合适的比例；也可在【比例值】文本框中输入数值修改比例，如图 8-15 所示。

4. 视图着色

视图默认未着色，选择任一视图，在弹出的工具条中可设置模型的着色效果（将三维模型设置了的颜色调入到工程图视图当中），修改后，回到【工程图】选项卡中单击【更新视图】即可，如图 8-16 所示。

当图纸视图修改后，通常会出现一个方框，代表视图有更新，此时需要单击【更新视图】进行刷新显示。

5. 隐藏边样式

视图隐藏边可见，选择投影视图后，单击工具条中的【属性】，勾选【隐藏边样式】复选框，按 <Enter> 键确认，回到【工程图】选项卡中单击【更新视图】即可，如图 8-17 所示。

图 8-15 修改视图比例

图 8-16 视图着色工具

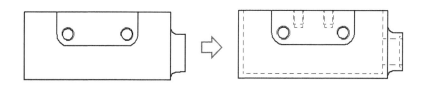

图 8-17 隐藏边样式

8.3.3 创建图纸视图

1. 主视图创建

选择【工程图】选项卡下【视图布局】中的【主视图】工具后，首先选择图面中的任一视图作为主视图，然后通过鼠标控制方向创建对应的投影视图，方向可以为上下左右斜角（8个方向），上下左右为正交视图，斜角为对应的轴测图。完成后按<Esc>键退出，投影视图如图 8-18 所示。

2. 向视图创建

选择【工程图】选项卡下【视图布局】中的【向视图】工具后，选择页面视图中的任一线段，即

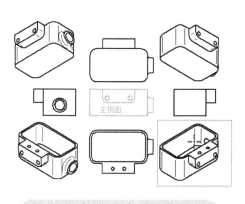

图 8-18 【主视图】创建投影视图

可生成垂直于该线段的向视图，如图 8-19 所示。

选择【向视图】工具后，弹出的【向视图】工具条如图 8-20 所示。

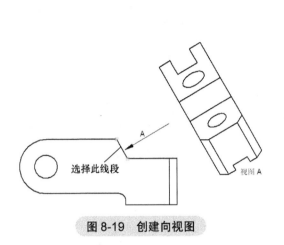

图 8-19 创建向视图

图 8-20 【向视图】工具条

【图纸视图样式映射】▦：开启新视图使用预定义图纸视图样式映射，否则将按制图标准设定。

【平行】╲：开启可使折叠线与所选的零件边平行。

【垂直】╳：开启可使折叠线与所选的零件边垂直。

【模型显示设置】▯：放置向视图前，单击该按钮弹出【图纸视图设置】对话框，可修改视图属性。

【着色选项】▣ 和【使用模型颜色】▨：设置向视图的着色效果。

所有的视图可使用草图绘制中的【旋转】↻工具设置旋转角度，如可将向视图旋转摆正，如图 8-21 所示。

图 8-21 旋转视图

3. 局部放大图创建

选择【工程图】选项卡下【视图布局】中的【局部放大图】工具后，进入绘制中心圆步骤，在视图中的细小结构处绘制中心圆，中心圆范围内即为放大区域，单击放置局部放大视图，如图 8-22 所示。

选择【局部放大图】工具后，弹出工具条，在其中可调节放大视图的比例、隐藏与显示中心圆草图、设置视图属性等，如图 8-23 所示。局部放大视图在选项属性设置中可将边界与比例设为显示与隐藏。

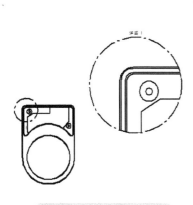

图 8-22 局部放大视图

图 8-23 放大视图工具条

4. 断开视图创建

以软件中自带模型为例，进入工程图环境，模型视图中插入 NDS\TianGong 2023\Training\bar.par, 投影如图 8-24 所示视图并创建断开视图。

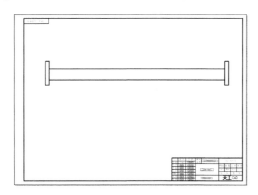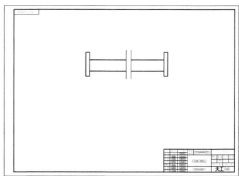

图 8-24 断开视图创建

选择视图后，【断开视图】工具图标变亮，单击该工具后，放置两处断开线，在弹出的工具条中可设置断开线型，单击【完成】即可创建，如图 8-25 所示。

如需修改断开视图，选择该视图，在工具条中单击💼取消"显示断开视图"，即可显示断开线，修改断开距离、线型等，按 <Delete> 键删除断开线即可恢复原视图。单个视图可以设置多个断开视图，修改视图后需要单击【更新视图】进行刷新显示。

5. 切割平面与剖视图创建

以软件中自带模型为例，进入工程图环境，模型视图中插入 NDS\TianGong 2023\Training\body01.par, 首先完成创建工程图投影视图。操作步骤如下：

1）在【工程图】选项卡中单击【切割平面】，进入绘制切割线步骤，绘制如图 8-26 所示的切割线，绘制完后单击【关闭切割平面】，用鼠标控制切割方向，完成切割平面的创建。

图 8-25 【断开视图】工具条

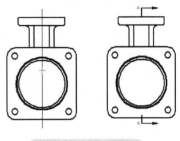

图 8-26 切割平面

2）在【工程图】选项卡中单击【剖视图】 ，选择步骤 1）所绘制的切割线，单击放置剖视图，完成剖视图的创建，如图 8-27 所示。

切割平面时，也可绘制折线切割，创建如图 8-28 所示的阶梯剖视图。单击选择剖视图，在弹出的工具条中可进行相关设置，如图 8-29 所示。

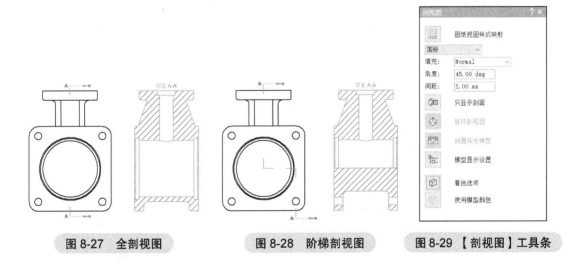

图 8-27 全剖视图   图 8-28 阶梯剖视图   图 8-29 【剖视图】工具条

当切割线有斜线时，创建半剖视图前需要选择切割线段，确定剖视图投射方向，投射方向应垂直于所选切割线段。如需修改切割线与方向，需在工具条中显示切割线，单击选择切割线，在弹出的工具条中单击【编辑】，使用绘图工具修改切割线，然后关闭切割平面，修改切割方向，单击【更新视图】进行刷新显示。

8.3.4 视图的控制

1. 对齐视图

利用主视图在水平 / 竖直方向的投影视图，可自动创建对齐关系，当视图移动时，对齐视图也跟随移动，保持对齐关系，如图 8-30 所示，连接虚线代表对齐关系。

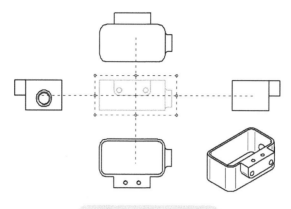

图 8-30 视图对齐关系

任一投影视图的右键快捷菜单可选取三项对齐工具，可以对对齐关系进行删除、创建、保持等操作。

2. 过期视图更新

当视图做了变更与修改后，视图显示灰色边界，代表目前模型显示状态已过期，需要手动更新视图。单击【工程图】选项卡中的【更新视图】，可对视图进行更新。

当三维模型做了修改后，有可能导致工程图视图过期，模型过期视图边界四周会显示四个角线，代表模型已过期，需要进入到三维模型环境更新模型，单击【工具】选项卡中的【部件跟踪器】，然后单击【全部更新】即可，如图 8-31 所示。

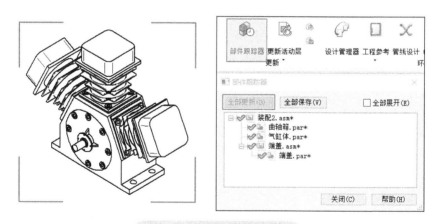

图 8-31 模型过期视图更新

8.3.5 装配体工程图视图

1. 爆炸视图、装配体配置视图插入

若装配体中创建有爆炸视图与配置视图，将这些视图插入到工程图纸中时，在放置视图位置前，通过工具条打开【图纸模型视图】对话框，从下拉列表中即可选择对应的爆炸视图或配置视图，如图 8-32 所示。

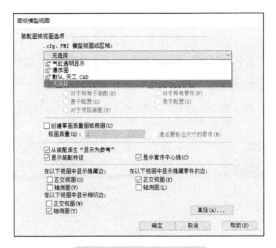

图 8-32　配置视图插入

2. 装配体剖视图插入

插入装配体视图后，单击工具条中的【属性】，切换到【剖面】选项卡，勾选对应的装配体剖视图后单击【确定】，如图 8-33 所示。

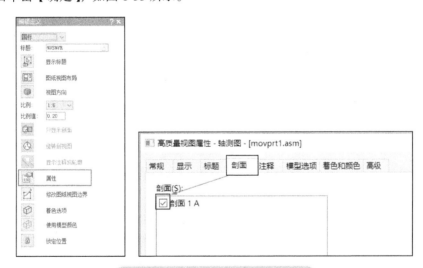

图 8-33　工具条与【剖面】选项卡

返回到视图环境中单击【更新视图】，已选择视图即切换为剖视图，如图 8-34 所示。

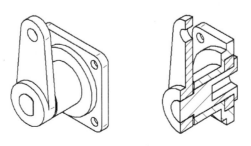

图 8-34　剖视图切换

3. 显示 / 隐藏组件视图

在工程图环境中选择已插入的装配体视图，单击鼠标右键，在弹出的快捷菜单中选择【属性】，进入【高质量视图属性】对话框，切换到【显示】选项卡，如图 8-35 所示。

图 8-35 【高质量视图属性 - 轴测图】对话框的【显示】选项卡

在左侧栏中显示了装配的所有零件明细表，选择想要隐藏的零件，将右侧栏【显示】前的勾选项取消，即为隐藏；反之，勾选即为显示。设置后回到工程图环境，单击【更新视图】即可。

8.4　尺寸与注释

当视图插入到工程图后，需要对视图添加中心线、尺寸标注、注释、加工精度、备注说明、技术要求等信息。本节介绍工程图中关于尺寸标注与注释方面的内容，引导用户快速熟悉工程图的基本操作。工程图中尺寸与注释工具如图 8-36 所示。

图 8-36　工程图中尺寸与注释工具

8.4.1 尺寸标注

1. 智能尺寸标注

【智能尺寸】命令用来标注任意单一元素或者任意两个元素间的距离或角度尺寸等。打开工程图插入一个零件三视图，切换到【草图】选项卡，单击【尺寸】区域的【智能尺寸】命令，系统弹出如图 8-37 所示的【智能尺寸】工具条。

- 🔲 按钮：用于驱动尺寸和从动尺寸的切换。
- 🔲 按钮：测量选定元素的长度。
- 🔲 按钮：测量选定元素的角度。
- 🔲 按钮：测量选定元素的半径。
- 🔲 按钮：测量选定元素的直径。
- ◎ 按钮：测量选定元素沿法向平面的直径。
- 🔲 按钮：设置尺寸相切显示。
- ↻ 按钮：按逆时针方向测量角度的大小。
- 🔲 按钮：设置角度尺寸内角和外角的显示。
- 🔲 按钮：将折线投影线放置在半径或直径尺寸标注上。
- 🔲 按钮：将直径或对称直径设置为全部显示或只显示一半。
- 🔲 按钮：设置尺寸的类型，尺寸类型如图 8-38 所示。
- ⊗ 按钮：设置尺寸值的检验显示。
- 🔲 按钮：添加尺寸的前缀，【尺寸前缀】对话框如图 8-39 所示。
- 🔲 按钮：尺寸前缀的启用。

图 8-37 【智能尺寸】工具条

图 8-38 尺寸类型

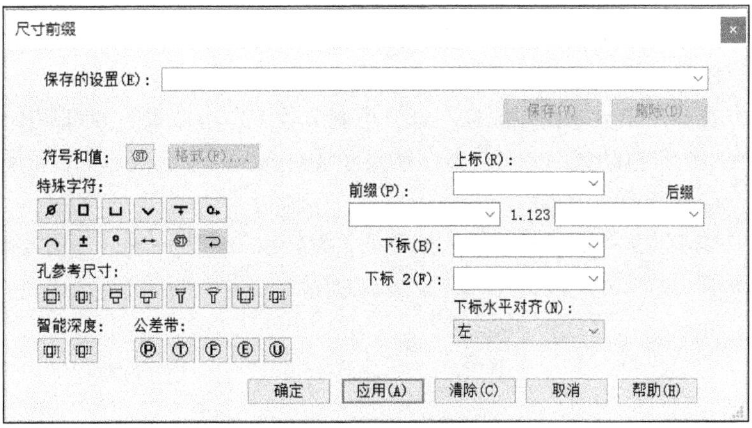

图 8-39 【尺寸前缀】对话框

2. 其他尺寸标注

间距，在模型上的点或者关键元素之间创建线性距离尺寸，放置尺寸前按住 <Shift> 键可以切换到两点最短距离尺寸。

夹角，在模型上的两根线或者两点之间创建夹角。选择【夹角】工具后，在工具条中选择两点方式标注，还可以标注视图中三个点位置形成的夹角。

坐标标注命令包括自动坐标尺寸、坐标尺寸、角度坐标尺寸等，采用逐项添加的方式创建尺寸链。

调入尺寸可以将模型建模过程中的草图标注尺寸、特征输入值尺寸、PMI尺寸和注释内容等调入到工程图视图当中。

其他尺寸还有对称直径、斜倒角尺寸、自动标注尺寸和附加尺寸等。

8.4.2 编辑修改尺寸

1. 修改尺寸值

选择尺寸后，单击尺寸数字进入尺寸值修改状态（注意并非双击尺寸数字，将光标移至尺寸数字上面停留0.5s后，单击进行数字修改，如果直接双击是修改尺寸变量名称的操作），修改尺寸值和修改尺寸点位置分别如图8-40和图8-41所示。

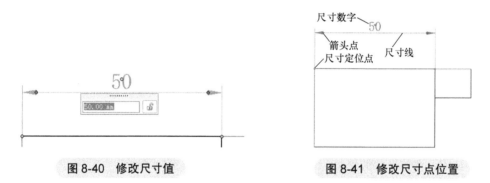

图 8-40 修改尺寸值   图 8-41 修改尺寸点位置

2. 移动尺寸位置

选择尺寸线按住鼠标左键，可调整尺寸的放置距离。

3. 移动尺寸数字位置

选择尺寸数字按住鼠标左键，可调节数字左右位置，并可调整尺寸线的上下距离，另外按住 <Alt> 键拖动数字，可将数字从尺寸线对齐关系中脱离，如图8-42所示。

4. 改变箭头方向

单击箭头点，可修改箭头的类型、翻转箭头的方向等，如图8-43所示。

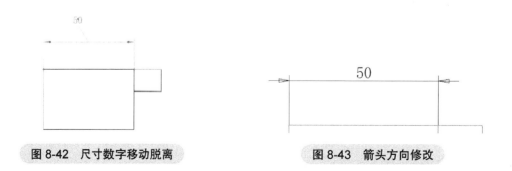

图 8-42 尺寸数字移动脱离   图 8-43 箭头方向修改

5. 修改尺寸定位点

同时按住键盘上的 <Alt> 键 + 鼠标左键，可移动尺寸定位点，修改尺寸捕捉的定位位置，同时对应的尺寸数字也会变更，如图 8-44 所示。

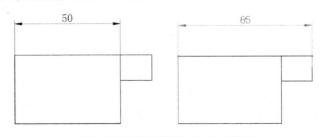

图 8-44　尺寸定位点捕捉位置修改

8.4.3　标注注释

【注释】区域的命令用于添加视图中心线、备注说明和技术要求等内容，在工程图标注中必不可少，从【草图】选项卡中可找到对应的注释命令。

1. 基准特征符号

单击【注释】区域的【基准框】，在弹出的【基准框】工具条中设置参数。在【基准框】工具条的【文本】文本框中输入"A"，放置基准特征符号即可进行基准的注释。

2. 几何公差

单击【注释】区域的【形位公差[○]】，在系统弹出的对话框中创建用户所需的各种几何公差符号，如图 8-45 所示。

设置几何公差符号的参数：在【形位公差属性】对话框中单击【常规】选项卡，选择几何符号类型，单击【分隔符】，在【内容】文本框中输入数值"0.01"，再次单击【分隔符】，然后单击【参考文本】，系统会弹出如图 8-46 所示的【选择参考文本】对话框，在文本框中选择，选好后单击【选择】，然后单击【确定】。

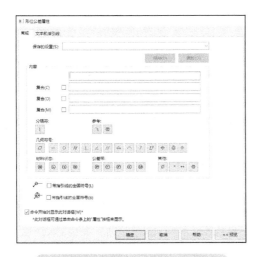

图 8-45　【形位公差属性】对话框

图 8-46　【选择参考文本】对话框

───────

○　形位公差即几何公差，此处为与软件一致用"形位公差"。

系统会自动返回到【形位公差属性】对话框中，单击【确定】，选择如图8-47所示的竖直边为放置点，在图纸中选择合适的位置单击进行放置，完成几何公差符号的创建，结果如图8-47所示。

3. 标注

【标注】命令用来添加标注文本、特殊字符、孔参数和属性文本等。

单击【注释】区域的【标注】 **a**，系统弹出如图8-48所示的【标注属性】对话框。在【标注文本】文本框中输入操作要求，单击【确定】后在合适位置放置标注。

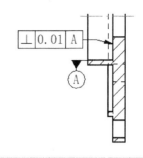

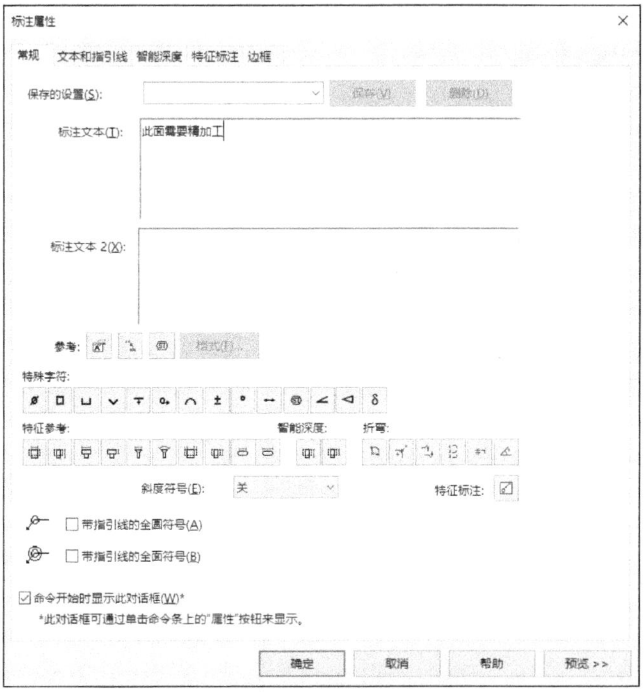

图8-47　创建基准特征符号与几何公差

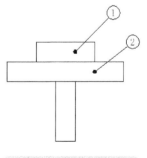

图8-48　【标注属性】对话框

4. 零件序号标注

零件序号标注是放置单个零件序号注释。可以使用零件序号中的文本来指示自由空间的元素或一个点。通过修改单个零件序号属性，可以控制零件序号的大小和形状、文本外观和指引线显示，还可以控制堆叠零件序号的方向。

单击【注释】区域的【零件序号】 ⑦，系统弹出【零件序号】工具条。在【零件序号】工具条的文本框中输入数字，在合适的位置放置即可，效果如图8-49所示。

图8-49　创建零件序号

5. 创建文本

在工程图中，除尺寸标注外，还具有相应的文字说明，如技术要求等。

单击【注释】区域的【文本】命令下的【技术需求】，系统弹出【技术需求属性】对话框。在【常规】选项卡的文本框中填写如图 8-50 所示的技术要求内容，单击【插入】，然后在【标题】选项卡的【标题文本】文本框中填写标题"技术要求"，单击【确定】后进行放置，如图 8-51 所示。

图 8-50　注释文本　　　　　　　　　图 8-51　【技术需求属性】对话框

8.5　模板制作

天工 CAD 2023 软件工程图模板分为背景图纸页和工作图纸页两种。背景图纸页包含工程图框、标题 / 标题块、公司 Logo 图片、标准属性 / 自定义 BOM 属性关联注释等，并且统一将设置完成后的背景图纸格式（例如 A1、A2、A3、A4）存放至背景图纸页中。工作图纸页中包含图纸视图、尺寸信息、技术要求等。同时，在工作图纸页中可以切换显示背景图纸。

8.5.1　环境设置

天工 CAD 2023 软件本身提供了部分标准的工程图模板，如 GB 标准、ANSI 标准、DIN 标准、JIS 标准等多个国家标准模板。当用户选择初始默认工程图模板后，可查看当前工程图模板环境设置详细信息。同时，用户也可以对当前模板环境进行设置变更。

操作步骤

步骤 1　用户模板文件位置

双击打开天工 CAD 2023 软件，选择【文件】→【设置】→【选项】命令，系统会自动弹出【天工选项】对话框，选择【文件位置】，在右侧的显示窗口中可以查看和修改【用户模板】的位置。如果未显示位置路径，单击【全部重置】，即可显示。

步骤2　主题功能区定制

双击用户模板路径下的工程图模板（扩展名".dft"），进入到模板环境中，在天工 CAD 2023 工作界面顶部，单击快速访问工具栏中倒三角选项中的【定制】，系统自动弹出【定制】对话框，单击【功能区】进行设置。

步骤3　设置边显示样式

选择【文件】→【设置】→【选项】命令，系统会自动弹出【天工选项】对话框，选择【边显示】，在右侧的显示窗口中进行设置，如图 8-52 所示。

图 8-52　边显示

步骤4　设置制图标准

选择【文件】→【设置】→【选项】命令，系统会自动弹出【天工选项】对话框，选择【制图标准】，在右侧的显示窗口中进行设置，如图 8-53 所示。

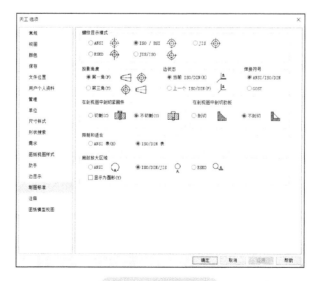

图 8-53　制图标准

8.5.2 模板属性

天工 CAD 2023 软件的标准工程图模板已在背景图纸页中建立了链接到属性的注释，这些属性值来自零件环境和装配体环境中 BOM 属性值。其链接的 BOM 属性值分为两种，分别是【特定属性值】和【自定义属性值】。

- 【特定属性值】可以添加到背景图纸页中，并直接链接到图纸本身。
- 【自定义属性值】通过自定义 BOM 属性列名称链接到 BOM 属性值，进行关联链接注释。

8.5.3 图纸格式

工程图模板和图纸格式有着密切的联系，其属于工程图模板的一部分（例如 A1、A2、A3、A4），可以编辑定义图纸大小、图纸比例、标题栏、图框等，生成一系列标准的图纸页格式。

1. 背景图纸页

在工程图环境中，根据不同的制图标准，系统默认提供了多个常用的图纸格式。这些默认的图纸格式中包括标题栏、图框等表格，通常此类固定格式的内容将存放在背景图纸页中。在图纸页模板中将零件或装配体的自定义属性进行链接，从而显示零件或装配体的必要信息。

操作步骤

步骤 1　新建背景图纸页

- 在【视图】选项卡的【图纸视图】区域中选择【背景】，可以显示/隐藏图形区左下角全部的背景图纸的标签，单击相应的图纸标签，即可显示对应尺寸规格的背景图纸；右击左下角的背景图纸页标签，可以在原有的基础上修改、插入添加或删除背景图纸页，如图 8-54 所示，可以看到统一放置的背景图纸页。

- 为了便于理解，下面将以"A3 宽（420mm×297mm）"图纸模板为例，介绍编辑背景图纸页的一般操作方法，其他如 A4、A2、A1 等不同版式的模板也可同时创建，使用时根据需要在背景下切换即可。

步骤 2　图纸格式定义

- 右击"A3"标签，选择【图纸设置】，系统会自动弹出【图纸设置】对话框，进入图纸格式设置。

- 单击【大小】选项卡，选择【标准】，在其后的下拉列表中选择"A3 宽（420mm×297mm）"选项，如图 8-55 所示。

- 单击【名称】选项卡，在【图纸名称】文本框中输入"A3 横向"。

- 单击【确定】按钮，返回到工程图环境。

- 框选显示区的 A3 模板，按键盘上的 <Delete> 键，进行删除。

- 单击【草图】选项卡【绘图】区域的【直线】，绘制横向和纵向两条直线，右击绘制的横向直线，选择【属性】，在弹出的【元素属性】对话框【信息】选项卡中输入坐标数值，寻找中心坐标原点，如图 8-56 所示。

- 根据中心坐标原点绘制背景模板图框（详细尺寸参考企业标准模板），然后删除绘制的两条直线，如图 8-57 所示。

步骤 3　填写标题栏

- 单击【草图】选项卡【注释】区域的【文本】，在弹出的【文本】工具条中进行如图 8-58 所示的基础设置。

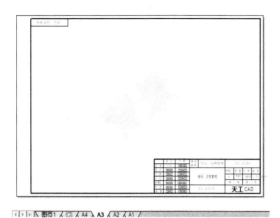

图 8-54　背景图纸页

图 8-55　【图纸设置】对话框

a) 横向直线

b) 纵向直线

图 8-56　绘制直线

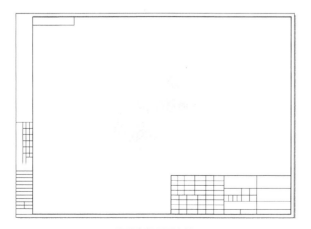

图 8-57　图框

图 8-58　【文本】工具条

● 单击显示区空白位置，输入名称"设计"，然后按键盘上的 <Esc> 键退出。

● 将光标移动至【设计】位置，单击外轮廓边，在【文本】工具条中选择【文本控制】下拉菜单中的【固定 - 调整宽高比】，然后将其移动到相应的位置进行放置，并对其宽度和高度进行调整。

● 重复上面操作，结果如图 8-59 所示。

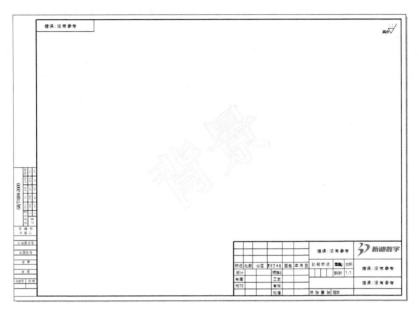

图 8-59　标题栏

步骤 4　BOM 属性关联设置

● 以样例模型——曲轴箱零件为例，如图 8-60 所示，通过索引参考的方式，将曲轴箱零件 BOM 属性名称列关联到"A3 横向"工程图模板，实现零件 / 装配与工程图 BOM 属性关联。其他如 A4、A2、A1 等不同版式的模板采用相同方式，使用时根据需要在背景下切换即可。

● 单击【工程图】选项卡【视图布局】区域的【模型视图】，导入曲轴箱模型视图放置，如图 8-61 所示。

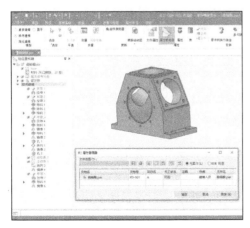

图 8-60　"曲轴箱"样例模型

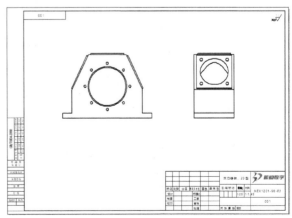

图 8-61　"曲轴箱"样例视图

● 单击【草图】选项卡【注释】区域的【标注】，系统自动弹出【标注属性】对话框，如图 8-62a 所示。

● 选择【常规】选项卡中【参考】右侧的【属性文本】，系统自动弹出【选择属性文本】对话框。

● 单击【源自活动文档】下拉框，选择【索引参考】，然后从【属性】下拉列表找到并单击【文件名（无扩展名）】，单击下方的【选择】，再单击【确定】，如图 8-62b 所示。

a)

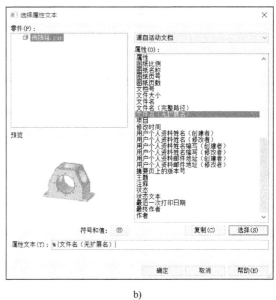

b)

图 8-62　属性文本

● 返回到【标注属性】对话框，单击【确定】，返回到背景图纸页，单击放置关联的 BOM 名称"例如：新迪设计师"，通过工具条中的【角度】【宽度】和【文本控制】调节关联属性文字大小，然后通过拖动方式调整放置位置，如图 8-63 所示。

标记	处数	分区	更改文件名	签名	年月日	阶段标记		重量g	比例	灰口铸铁，20 型 新迪数字
设计			标准化					5.835	1:2	曲轴箱
制图			工艺							
校对			审核							001
			批准			共 张 第 张 版本				

图 8-63　关联属性

● 重复前面操作，完成 BOM 属性关联设置。

● 删除导入的曲轴箱模型视图。

在工程图模板中，所关联的属性信息名称同零件模板、装配模板等属性名称相匹配对应。通过上述的制作方法，企业根据需求进行背景图纸的定制，将常用的图纸规格定义到背景页面中，方便随时调用（如 A4、A2、A1 等不同版式的模板采用相同方式，使用时根据需要在背景下切换即可）。

2. 工作图纸页

在工程图环境中，进行模型视图导入、创建模型视图、注释、尺寸标注、零件明细表等，根据不同的制图标准，通过【图纸设置】对话框可切换背景图纸页和设置默认模板。

操作步骤

步骤 1　新建工作图纸页

右击图形区左下角的【图页 1】标签，系统会自动弹出快捷菜单，选择【插入】命令，系统会创建第二张工作图纸页，同样选择【删除】命令，可删除当前的工作图纸页。

步骤 2　图纸设置

● 右击图形区左下角的【图页 1】，选择【图纸设置】命令，系统会自动弹出【图纸设置】对话框，在此对话框中进行更改图纸设置。

● 单击【背景】选项卡，从【背景图纸】下拉列表中选择"A3 横向"模板背景图纸规格，自动勾选【显示背景】复选框，如图 8-64 所示。

● 单击【名称】选项卡，在【图纸名称】文本框中输入"A3 横向模板"。

● 单击【大小】选项卡，【图纸大小】和【图纸比例】的显示情况与之前背景图纸页设置一致，无须手动修改，如图 8-65 所示。

● 单击【确定】按钮，设置完成。

图 8-64　【图纸设置】对话框中【背景】选项卡

图 8-65　【图纸设置】对话框中【大小】选项卡

工作图纸页中图纸大小规格应与定义图纸页的背景规格一致。

8.5.4　样式

根据制图的需要，在自定义的工程图模板中添加符合国标或企标的尺寸标注样式、线型样式、视图样式、字体等。

首先单击【草图】选项卡【注释】区域的【样式】，系统自动弹出对话框，如图 8-66 所示。

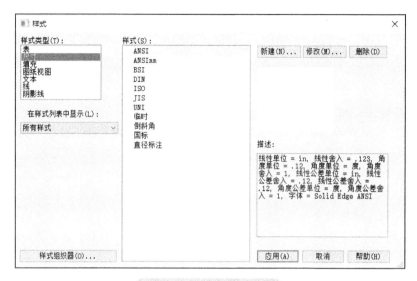

图 8-66 【样式】对话框

操作步骤

步骤 1 创建中心线线型样式

● 在【样式】对话框【样式类型】中选择"线"，单击【新建】按钮，系统自动弹出【新建线型】对话框，按图 8-67 所示进行设置填写。

● 创建好线型后，单击【确定】按钮，返回到【样式】对话框，在【样式】列表中会显示创建好的"中心线"线型。

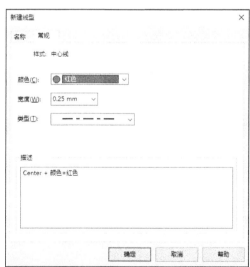

图 8-67 线型设置

● 单击【应用】按钮，返回到工程图环境，单击【草图】选项卡【绘图】区域的【直线】，设置活动样式选择"中心线"，即可绘制，如图 8-68 所示。

● 重复上面操作，新建和替换其他样式元素，如双点画线、隐藏线和参考线等。

图 8-68　中心线

步骤 2　创建尺寸标注样式

● 在【样式】对话框【样式类型】中选择"尺寸"，单击【新建】按钮，系统自动弹出【新建尺寸样式】对话框。

● 单击【名称】选项卡，从【基于】下拉列表中选择"国标"，然后在【名称】文本框中输入"线型尺寸"，如图 8-69a 所示。

● 单击【常规】选项卡，设置尺寸线颜色，如图 8-69b 所示。

a)

b)

图 8-69　尺寸名称和颜色设置

● 单击【单位】选项卡，可对"线性""线性公差""角度"和"角度公差"的尺寸单位和尺寸精度进行设置。

● 单击【文本】选项卡，可进行文字的设置与修改，勾选【覆盖引出的文本】复选框，设置其方位和位置，如图 8-70 所示。

● 单击【确定】按钮，返回到【样式】对话框，创建完成。

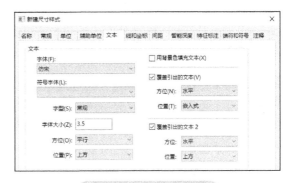

图 8-70　尺寸文本设置

● 重复前面操作，新建和替换其他样式元素，如径向尺寸、坐标尺寸和角度尺寸等。

步骤3　创建局部放大图图纸视图样式

● 在【样式】对话框【样式类型】中选择"图纸视图"，单击【新建】按钮，系统自动弹出【新建图纸视图样式】对话框。

● 单击【名称】选项卡，从【基于】下拉列表中选择"国标"，然后在【名称】文本框中输入"局部放大图"，如图8-71所示。

● 单击【标题】选项卡，设置视图属性显示，如图8-72所示。

图 8-71　图纸视图样式名称

图 8-72　视图属性显示

● 单击【标题格式】选项卡，设置标题格式，如图8-73所示。

● 单击【线】选项卡，设置视图注释显示，如图8-74所示。

图 8-73　标题格式

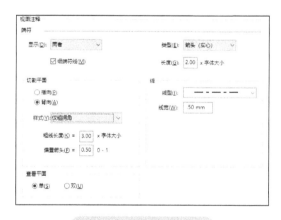

图 8-74　视图注释显示

● 单击【确定】按钮，返回到【样式】对话框，创建完成。

● 重复前面操作，新建和替换其他样式元素，如剖视图、局部剖视图等。

步骤4　尺寸样式映射和图纸视图样式映射

● 选择【文件】→【设置】→【选项】命令，系统会自动弹出【天工选项】对话框。

● 选择【尺寸样式】，在右侧的显示窗口中选择【使用尺寸样式映射】，在选项栏中对相应的元素进行替换即可，如图8-75所示。

● 选择【图纸视图样式】，在右侧的显示窗口中选择【使用图纸视图样式映射】，在选项栏中对相应的元素进行替换即可，如图8-76所示。

图 8-75　尺寸样式映射

图 8-76　图纸视图样式映射

8.6　表格制作

表格是工程图常见的组成部分，起到展示和归纳信息的作用。用类似的表格将零件/装配体的信息自动反映到工程图中，可以更好地管理和显示数据。

8.6.1　零件明细表

零件明细表[一]是装配工程图中必不可少的一种表格，通过路径查找器自动识别装配环境中的组件属性信息，同时在视图中自动标识，零件明细表还可以随着装配组件的变化而更新。

操作步骤

步骤 1　新建零件明细表

● 打开工程图文件夹下的"活塞气缸"工程图文件，如图 8-77 所示。

● 单击【工程图】选项卡【表】区域的【零件明细表】，系统自动弹出【零件明细表】工具条，选择已放置在显示及操作区的"活塞气缸"工程视图，如图 8-78 所示。

● 单击【零件明细表】工具条中的【属性】，系统自动弹出【零件明细表属性】对话框，然后单击【常规】选项卡，在【保存的设置】右侧文本框中输入"新迪数字 - 零件明细表"，单击【保存】，即可新建零件明细表，如图 8-79 所示。

步骤 2　设置零件明细表高度

在【零件明细表属性】对话框的【常规】选项卡中，设置最大行高。选择【最大数据行数】并在右侧文本框中输入"20"，勾选【将表数据单元格换行】复选框，如图 8-80 所示。

步骤 3　设置零件明细表位置

在【零件明细表属性】对话框的【位置】选项卡中，设置放置位置。选择【在活动页上创建表】，然后在【X 原点】和【Y 原点】右侧文本框中分别输入"235"和"61"，如图 8-81 所示。

○　明细表即明细栏，此处为与软件一致用"明细表"。

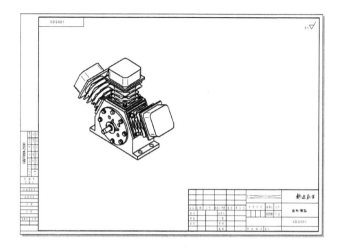

图 8-77　装配体工程视图

图 8-78　【零件明细表】工具条

图 8-79　新建零件明细表

图 8-80　设置零件明细表高度

步骤 4　设置 BOM 属性列

在【零件明细表属性】对话框的【列】选项卡中，在【列标题】下方的文本框中输入"文件名"，单击【添加列】添加至【列】列表中，可以上下移动调整其放置位置，然后在【列格式】中，勾选【显示列】复选框并调整列宽值为"40"，如图 8-82 所示。

步骤 5　设置 BOM 属性链接

在【零件明细表属性】对话框的【列】选项卡中，选择【属性】列表中的【文件名】，单击【添加属性】，进行装配组件属性信息关联，如图 8-83 所示。

图 8-81 设置零件明细表位置

图 8-82 设置 BOM 属性列

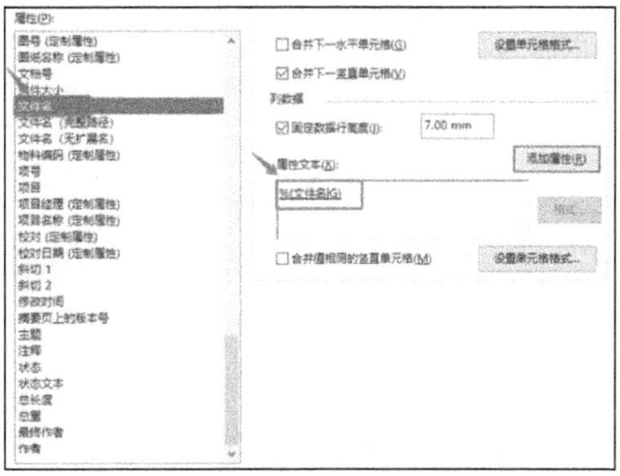

图 8-83 设置 BOM 属性链接

步骤 6 设置图纸视图的零件序号

在【零件明细表属性】对话框的【零件序号】选项卡中，单击【形状】，从下拉列表中选择符号形状，如选择【下划线】。单击【样式】，从下拉列表中选择对齐方式，如选择【轮廓对齐】，如图 8-84 所示，返回【常规】选项卡，单击【保存】。

图 8-84 设置图纸视图的零件序号

步骤7　放置零件明细表

单击【确定】，在图纸视图中放置零件明细表，创建完成，如图8-85所示。

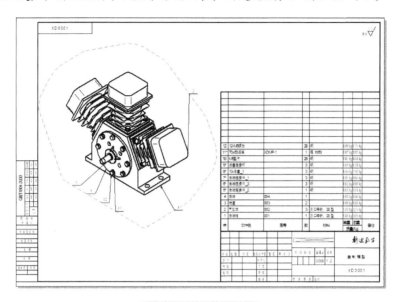

图8-85　零件明细表

8.6.2　孔参数表

孔参数表是工程图中必不可少的一种表格，通过孔参数表的方式定义孔的类型、位置和大小。

操作步骤

步骤1　新建孔参数表

● 打开工程图文件夹下的"孔参数表"工程图文件，如图8-86所示。

● 单击【工程图】选项卡【表】区域的【孔参数表】，系统自动弹出【孔参数表】工具条，选择已放置在显示及操作区的孔板工程视图，如图8-87所示。

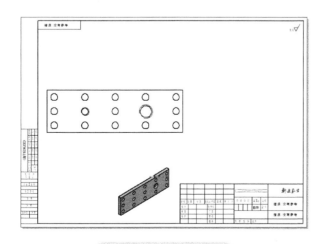

图8-86　孔板工程视图

图8-87　【孔参数表】工具条

● 单击【孔参数表】工具条中的【属性】，系统自动弹出【孔参数表属性】对话框，单击【常规】选项卡，在【保存的设置】右侧文本框中输入"新迪数字 - 孔参数表"，单击【保存】，即可新建孔参数表，如图 8-88 所示。

图 8-88　新建孔参数表

步骤 2　设置孔参数表高度和位置

用和零件明细表相同的方式设置孔参数表的高度和位置。

步骤 3　设置孔参数表 BOM 属性列

在【孔参数表属性】对话框的【列】选项卡中，在【列标题】下方的文本框中输入"孔"，单击【添加列】添加至【列】列表中，可以上下移动调整其放置位置，然后在【列格式】中，勾选【显示列】复选框并调整列宽值为"30"，如图 8-89 所示。

步骤 4　设置孔参数表 BOM 属性链接

在【孔参数表属性】对话框的【列】选项卡中，选择【属性】列表中的【孔标注 1】，单击【添加属性】，进行属性信息关联，如图 8-90 所示。

图 8-89　设置孔参数表 BOM 属性列

图 8-90　设置孔参数表 BOM 属性链接

步骤 5　设置孔参数排序条件

在【孔参数表属性】对话框的【排序】选项卡中，根据用户使用规范定义孔的排序准则。在【排序依据】【第二依据】和【第三依据】的下拉列表中选择排序条件，如图 8-91 所示。

图 8-91　排序条件

步骤6　设置孔注释显示

在【孔参数表属性】对话框的【选项】选项卡中，勾选【在图纸上显示原点】复选框，选择【按原点列出孔】和【更新时为孔重新编号】，再勾选【显示指引线】复选框，从而设置孔列表及孔注释的显示，如图8-92所示。

图8-92　设置孔注释显示

步骤7　设置孔标注显示

在【孔参数表属性】对话框的【标注】和【智能深度】选项卡中，【孔标注列】选择【孔标注1】，通过使用关联符号和关联属性值定义孔显示类型（包括孔参考尺寸、孔深度、螺纹深度等），如图8-93所示，返回【常规】选项卡，单击【保存】。

图8-93　设置孔标注显示

步骤8　放置孔参数表

单击【确定】，在图纸视图中定义坐标原点，选择图纸视图放置孔参数表，创建完成，如图8-94所示。

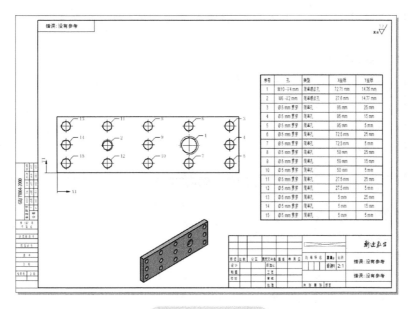

图 8-94　孔参数表

8.6.3　钣金折弯表

钣金折弯表应用于钣金件展平模型视图，显示钣金模型展平图样的折弯数据。

操作步骤

步骤 1　新建钣金折弯表

● 打开工程图文件夹下的"钣金样例"工程图文件，如图 8-95 所示。

● 单击【工程图】选项卡【表】区域的【折弯表】，系统自动弹出【折弯表】工具条，选择已放置在显示及操作区的"钣金样例"工程视图，如图 8-96 所示。

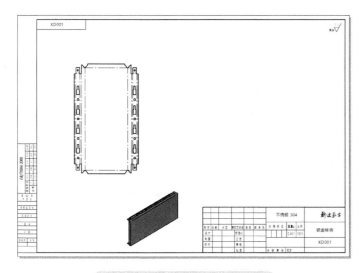

图 8-95　"钣金样例"工程视图

图 8-96　【折弯表】工具条

● 单击【折弯表】工具条上的【属性】，系统自动弹出【折弯表属性】对话框，然后单击【常规】选项卡，在【保存的设置】右侧文本框中输入"新迪数字-折弯表"，单击【保存】，即可新建折弯表，如图8-97所示。

图8-97　新建折弯表

步骤2　设置折弯表高度和位置

用和零件明细表相同的方式设置折弯表的高度和位置。

步骤3　设置折弯表BOM属性列

在【折弯表属性】对话框的【列】选项卡中，在【列标题】下方的文本框中输入"半径"，单击【添加列】添加至【列】列表中，可以上下移动调整其放置位置，然后在【列格式】中，勾选【显示列】复选框并调整列宽值为"25.4"，如图8-98所示。

图8-98　设置折弯表BOM属性列

步骤4　设置折弯表BOM属性链接

在【折弯表属性】对话框的【列】选项卡中，选择【属性】列表中的【半径】，单击【添加属性】，进行属性信息关联，如图8-99所示。

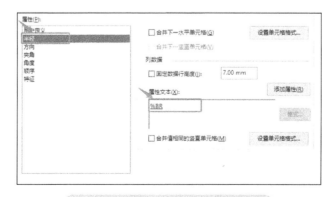

图8-99　设置折弯表BOM属性链接

步骤 5　设置排序条件

在【折弯表属性】对话框的【排序】选项卡中，根据用户使用规范定义折弯的排序准则。在【排序依据】【第二依据】和【第三依据】的下拉列表中选择排序条件，如图 8-100 所示。

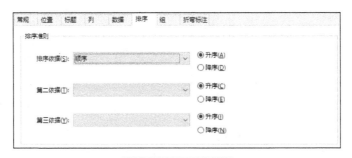

图 8-100　排序条件

步骤 6　放置折弯表

单击【确定】，在图纸视图中放置折弯表，创建完成，如图 8-101 所示。

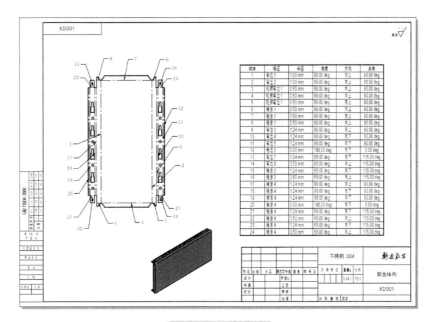

图 8-101　折弯表

8.6.4　零件族表

零件族表通过从零件族成员获得特征的尺寸和位置，在工程图中通过某一族成员模型尺寸图获得所有族成员变量的表，并在表中显示所有成员的尺寸信息和位置数据。

操作步骤

步骤 1　打开零件族图纸

打开工程图文件夹下名为"塞打螺钉‐系列"的工程图文件，如图 8-102 所示。

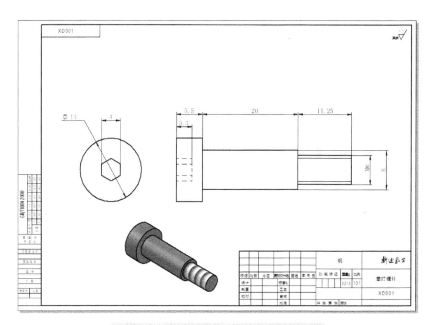

图 8-102 "塞打螺钉 - 系列"工程视图

步骤 2　变量工具条

单击【工程图】选项卡【表】区域的【零件族表】，系统自动弹出【零件族表】工具条，如图 8-103 所示。

步骤 3　设置显示变量

单击已放置在显示及操作区的工程图视图，系统自动弹出【零件族表属性】对话框，单击【变量】选项卡，在【显示在表中的变量】列表中，添加／移除需要显示的变量特征属性，确定后即可新建零件族表，如图 8-104 所示。

图 8-103 【零件族表】工具条

图 8-104　设置显示变量

步骤4 放置零件族表

单击工程图视图显示及操作区，即可放置零件族表。

步骤5 链接变量到图样

单击工具条上的【链接变量】开关使其处于启动状态，单击【变量】右侧的下拉菜单选择【深度】，如图8-105所示。

如果要移除图样中的变量，单击工具条上的【链接变量】开关使其处于断开变量链接状态，然后单击图样中的尺寸数值即可。在图样中逐一选择尺寸数值，即可创建完成如图8-106所示的零件族表。

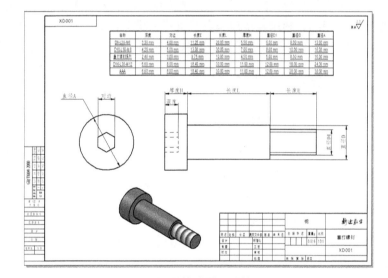

图 8-105　变量选择工具条

图 8-106　零件族表

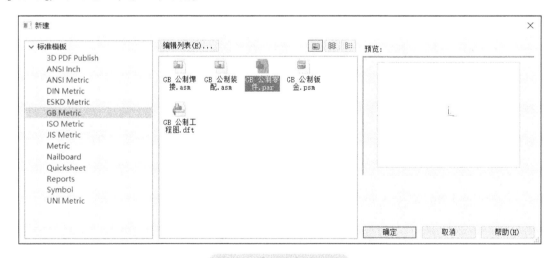

扫码看本章视频

第9章 直接建模

9

直接建模能够快速地捕捉到设计师的设计意图，直接跳过特征之间严格的父子关系，对异构数据的模型进行快速修改，从而变为用户所需要的产品模型，提高设计中不同环境下的数据模型的重用率。利用直接建模方式进行三维建模时，拖动几何体时，同步解算三维驱动尺寸、三维几何约束、三维几何关系，并赋予参数化特征，实现直观式的所见即所得的三维设计模式。

9.1 直接建模概述

9.1.1 进入直接建模环境

直接建模与特征建模两种建模方式可以自由切换，软件默认的建模方式是特征建模，用户可以通过下面操作进入直接建模环境。

操作步骤

步骤 1 新建零件设计

启动天工 CAD 2023 软件后，单击【新建】，选择 GB 公制零件模板，如图 9-1 所示，单击【确定】，系统进入零件设计环境。

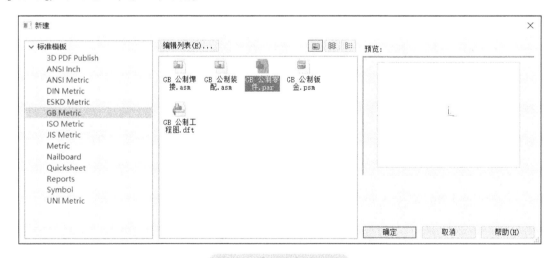

图 9-1 【新建】对话框

步骤 2 过渡到直接建模

在路径查找器上，右击【顺序建模】，如图 9-2 所示，单击【过渡到直接建模】，进入直接建模环境。

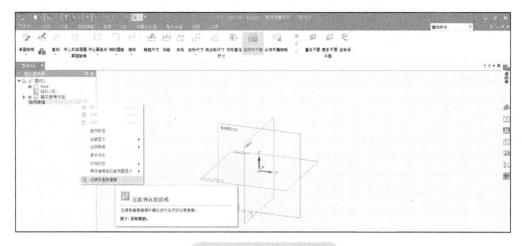

图 9-2　过渡到直接建模

若想把默认建模方式改为直接建模，只需在【天工选项】对话框的【助手】标签页，将【使用此环境启动零件和钣金文档】设置为【直接建模】即可，如图 9-3 所示。

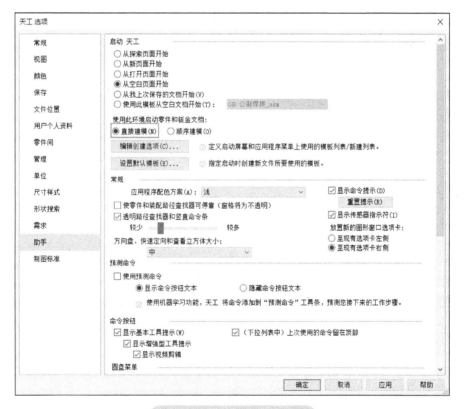

图 9-3　【天工选项】对话框

9.1.2　直接建模环境的工作界面

进入直接建模环境后，其工作界面如图 9-4 所示。

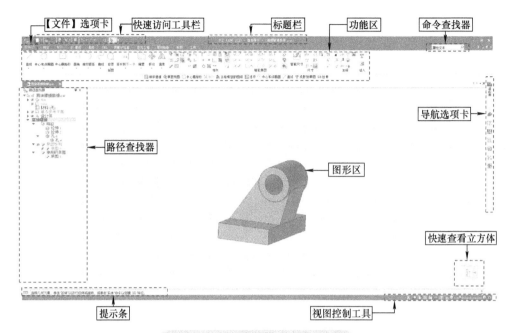

图 9-4　直接建模环境的工作界面

● 【文件】选项卡：用于修改软件设置及新建、打开、保存文件，设置零件模型的相关属性等。

● 快速访问工具栏：快速新建、打开、保存、撤销、重做等操作。

● 标题栏：显示当前的软件版本以及当前窗口模型文件名称。

● 功能区：直接建模所需的所有工具，用户可以根据需要自己定义各功能选项卡按钮，也可以自己创建新的选项卡，将常用的命令按钮放在自定义的功能选项卡中。

● 导航选项卡：导航选项卡包括路径查找器、装配族等，可以自定义显示内容。

● 图形区：用于显示模型的 3D 图形或者关联的图形。

● 路径查找器：可以对特征、草图、参考平面、坐标系和 PMI 尺寸进行选择，如隐藏或显示。也可以对特征、参考平面、草图和构造曲面进行重新排序。

● 提示条：显示当前操作的相关提示和消息。

● 命令查找器：用于引导操作步骤和定义相关参数。

● 视图控制工具：控制视图的平移、缩放、居中等常用工具。

9.2　创建零件

9.2.1　创建零件的基本流程

创建零件的基本流程如下：

1）绘制草图。在创建零件之前，可以用绘制草图来定义零件的基本大小和形状。在草图中，可以使用尺寸和几何关系来约束 2D 元素的大小、形状和位置。

2）使用草图来创建特征。在【直接建模】中，可以使用【选择】工具对草图区域创建特征。

3）创建附加特征。基于绘制的草图可以创建其他特征，这些特征可以修改模型上现有的边。

4）编辑模型后完成零件建模。

9.2.2　新建直接建模零件

启动天工 CAD 2023 软件后，选择 GB 公制零件模板新建零件，进入零件设计环境，确保当前是直接建模环境。如果是特征建模环境，按前面介绍的方法切换到直接建模环境。

9.2.3　绘制草图

绘制草图时需要先锁定一个平面，在锁定的平面中完成草图的绘制，该平面可以是系统自带的基本参考平面、自定义创建的平面或已有特征的平面表面等。

当首次选择好某个草图绘制命令执行草图绘制时，首先将光标移动至需要锁定的平面，此时平面会高亮显示，单击平面上的图标 或按 <F3> 键即可锁定该平面，如图 9-5 所示。

平面锁定后，绘图区域的右上角出现图标 ，绘制草图只能在该平面进行，绘制完成后单击图标 即可对该平面进行解锁，如图 9-6 所示完成草图绘制。

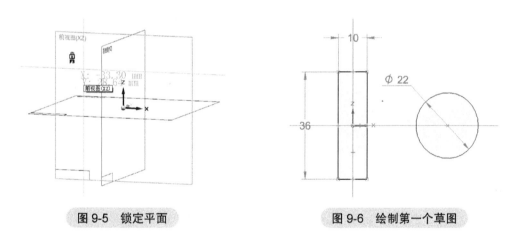

图 9-5　锁定平面　　　　　　　　图 9-6　绘制第一个草图

9.2.4　创建特征

绘制好草图后，即可进行实体特征的创建，例如使用拉伸特征，在功能区单击【拉伸】，在绘图区域选择草图，按住 <Shift> 键 + 鼠标左键可以选择多个草图，选择草图后在空白区域单击鼠标右键，在草图上会出现拉伸手柄，在【拉伸】工具条中可以对拉伸特征的范围、方向等进行设置，如图 9-7 所示。

【拉伸】工具条上各选项说明如下：

● **拉伸** ：列出可用于选定元素的备选操作，分为【拉伸】和【旋转】，默认为【拉伸】特征。

● **范围类型** ：定义特征的深度或草图要拉伸的距离以构造特征，分为【有限范围】【贯通】【穿过下一个】和【起始 / 终止范围】。

● **对称** ：将特征范围应用于单侧或对称地应用于草图平面的两侧。

● **添料 / 除料** ：通过光标位置来决定是添料还是除料，当构造基本特征时，仅【拉伸】选项可用。

● **关闭草图** ⬚：指定当一个开放草图附加到一个或多个模型边时，是否将相邻模型边视为草图区域的一部分，这将允许在某些情形下控制修剪相邻面的方式。

● **选择方向步骤** ⬚：确认在轮廓的哪一面创建特征。

● **处理** ⬚：选择为特征定义拔模还是加冠。

● **内部面环** ⬚：选择包含或排除所选面的内部环。

● **关键点** ⬚：设置可选择的关键点类型来定义特征范围。可使用其他现有几何体上的关键点来定义特征范围。

在绘图区域单击框选整个草图，单击【拉伸】工具条中的【对称】 ⬚ 使其处于打开状态，单击拉伸手柄并在下方动态输入框中输入"28"，按 <Enter> 键确定，如图 9-8 所示，即可完成拉伸实体特征的创建。

图 9-7 【拉伸】工具条

图 9-8 拉伸距离

9.3 设计意图

将光标定位于如图 9-9 所示平面使其高亮显示，单击该平面就会弹出【设计意图】对话框，可以进行对称、同心、共面等控制，例如取消勾选【共面】复选框，单击拉伸手柄并在下方动态输入框中输入尺寸值，如"14"，按 <Enter> 键确定，即可单独对该平面进行拉伸。

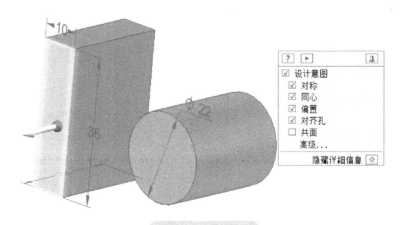

图 9-9 设计意图

【设计意图】对话框中各选项说明如下：

● **帮助** ? ：打开此帮助文档。

● **播放** ► ：播放关于设计意图原理的视频。

● **固定** ⏝ ：固定【设计意图】对话框中选项。

● ☑ **设计意图**：抑制对当前移动的任何设计意图关系的评估。软件独立控制尺寸（锁定尺寸）或关系（持久关系），快捷键是 <U>。

　　☑ 对称
　　☑ 同心
● ☑ 偏置　　：可以选中在移动面或特征时评估的关系选项。所显示的关系选项随环境
　　☑ 对齐孔
　　☑ 共面

和模型内容而异。

● **隐藏详细信息** ⌃ ：在显示或隐藏完整设计意图关系选项之间切换。此设置将持久生效。

● **高级...** ：打开【高级设计意图】面板，利用该面板可以进一步控制保留或忽略某些设计意图关系。

9.4　高级设计意图

当选择移动直接建模模型上的面或特征时，在弹出的【设计意图】对话框中单击【高级】，弹出【高级设计意图】面板，可以使用该面板中的开关按钮保留或忽略某些设计意图关系。

9.4.1　关系检测指示符

如果【高级设计意图】面板检测到与活动设置相匹配的关系，则相应图标将变为绿色，如图 9-10 所示；如果【高级设计意图】面板检测到与非活动设置相匹配的关系，则相应图标将变为红色，如图 9-11 所示。

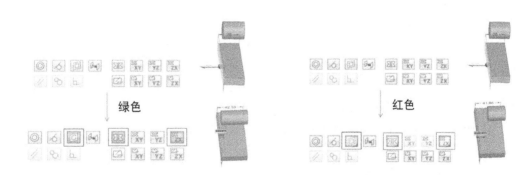

图 9-10　与活动设置相匹配　　　　　图 9-11　与非活动设置相匹配

9.4.2　面板说明

控制面板上大多是开关按钮，可以对建模过程中的各种关系进行控制，如图 9-12 所示。

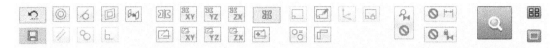

图 9-12 【高级设计意图】面板

【高级设计意图】面板中各开关按钮说明如下：

- ：恢复默认规则设置，快捷键是 <R>。
- ：开启后，在选择集受控制时保持同心面。
- ：开启后，在选择集受控制时保持相切面。
- ：开启后，在选择集受控制时保持共面的面。
- ：开启后，在选择集受控制时保持偏置面。
- ：为所有找到的设计意图设置创建持久关系。
- ：开启后，在选择集受控制时保持平行面。
- ：开启后，保持不同体的面之间相切接触。这些面不得共用一条边，且相切不得处于修剪曲面边界上。
- ：开启后，在选择集受控制时保持垂直面。
- ：开启后，保持绕基本参考平面对称，此命令可以单独开启或关闭每一个基本平面的该选项。
- ：开启后，保持绕基本 XY 参考平面对称。
- ：开启后，保持绕基本 YZ 参考平面对称。
- ：开启后，保持绕基本 ZX 参考平面对称。
- ：开启后，定义或清除局部对称平面。
- ：开启后，保持模型中孔、圆柱和旋转特征的共面轴。
- ：开启后，保持 XY 平面中孔、圆柱和旋转特征的共面轴。
- ：开启后，保持 YZ 平面中孔、圆柱和旋转特征的共面轴。
- ：开启后，保持 ZX 平面中孔、圆柱和旋转特征的共面轴。
- ：开启后，保持倾斜平面中孔、圆柱和旋转特征的共面轴。
- ：开启后，应用设计意图设置时考虑参考平面。
- ：开启后，应用设计意图设置时考虑草图平面。
- ：开启后，应用设计意图设置时考虑坐标系平面和轴。
- ：开启后，保持元素锁定到基本参考平面和轴。
- ：开启后，在修改过程中尽可能保持半径值。
- ：开启后，能保持元素与基本平面正交。

【高级设计意图】面板中右侧大图标组的按钮说明如下：

- ：暂停所有设计意图设置。
- ：在当前编辑中释放锁定的尺寸。
- ：在当前编辑中释放持久关系。
- ：允许与编辑中涉及的关系进行图形交互。
- ：显示设计意图设置和解决方案管理器的选项。

● ▣：选中后，此设置会在完成编辑时自动进入解决方案管理器。

9.5 构造其他特征

利用如下操作步骤可直接建模构造其他特征。

9.5.1 构造拉伸特征

操作步骤

步骤1 绘制草图

单击【草图绘制】功能区的【直线】命令，将草图输入锁定至前视图 XZ 平面。

按快捷键 <Ctrl+H> 正视于平面，使用【绘图】区域的草图绘制命令画出如图 9-13 所示的草图。

单击【草图绘制】功能区的【投影到草图】命令，选择如图 9-14 所示线段，完成草图绘制后，按下键盘上的 <F3> 键可对草图平面进行解锁。

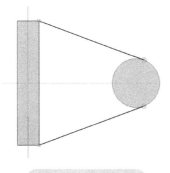

图 9-13　草图绘制

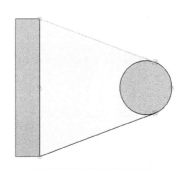

图 9-14　投影到草图

步骤2 拉伸特征

在【特征】功能区单击【拉伸】，在绘图区单击选择如图 9-15 所示高亮显示的草图区域，单击【拉伸】工具条中的【对称】，然后单击拉伸手柄并在下方动态输入框中输入 "22"，按 <Enter> 键确定，如图 9-16 所示。

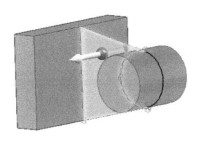

图 9-15　选择草图

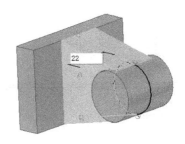

图 9-16　拉伸特征

9.5.2 构造孔特征

操作步骤

步骤1 孔特征向导

单击【特征】功能区的【孔】命令，系统弹出如图 9-17 所示的【孔】工具条。

步骤2 孔参数设置

单击【孔】工具条上的【孔选项】，弹出【孔选项】对话框，如图 9-18 所示，将【孔类型】设置为【简单孔】，直径设置为"13"，单击【确定】返回【孔】工具条，单击【关键点】设置为【中心点】，如图 9-19 所示。

图 9-17 【孔】工具条

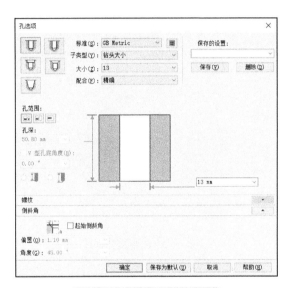

图 9-18 【孔选项】对话框

图 9-19 设置关键点类型

步骤3 选择放置孔的面完成孔特征

将光标移动到如图 9-20 所示的圆形边上，注意孔中心自身处于圆形面上，单击以放置孔特征，完成孔特征的创建，如图 9-21 所示。

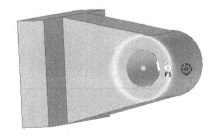

图 9-20 选择放置面

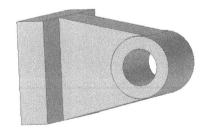

图 9-21 完成孔特征

9.6 PMI 尺寸

在直接建模环境中，PMI 尺寸就是附加在模型边的尺寸，可以通过草图迁移间接创建 PMI 尺寸，也可以直接添加到模型创建 PMI 尺寸。

9.6.1 添加模型尺寸

单击【草图】选项卡中的【智能尺寸】，将光标定位在孔的圆形边线上，当圆形边线高亮显示时，单击选择，再将光标定位在模型的左边线上，当其高亮显示时，单击选择，然后将光标定位在模型的下方，并单击以放置尺寸，如图 9-22 所示。

9.6.2 修改模型尺寸

选择要编辑的尺寸，将光标定位于尺寸文本上，当尺寸文本高亮显示时，单击选择，弹出尺寸值编辑手柄，如图 9-23 所示，在【尺寸值编辑】对话框中激活编辑方向 ⇨ ，在尺寸值输入框中输入数值，例如 "26"，按 <Enter> 键完成尺寸修改。

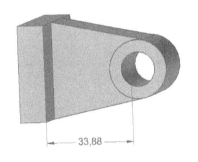

图 9-22 添加模型尺寸

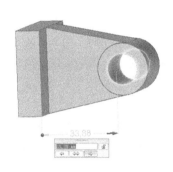

图 9-23 修改模型尺寸

尺寸值编辑手柄由【尺寸值编辑】对话框和尺寸方向指示符两部分组成。【尺寸值编辑】对话框中各选项说明如下：

● **方向 1** ⇦ ：设定后指定模型几何体从这端移动。当此选项被清除，该尺寸数值被选中后，在该方向的箭头变成一个点，更改尺寸值，模型的这端将保持固定。

● **方向 2** ⇔ ：设定后指定模型几何体从两端同时移动。当此选项被激活，该尺寸数值被选中后，两端各有一个箭头，更改尺寸值，模型同时向两端移动。

● **方向 3** ⇨ ：设定后指定模型几何体从这端移动。当此选项被激活，该尺寸数值被选中后，在该方向出现一个箭头，更改尺寸值，模型可以朝向这端移动。

● **锁定 / 未锁定** ：锁定或解锁尺寸值。

● **尺寸值输入框** `33.88 mm` ：指定尺寸的精确值，在编辑模型时可以使用此框输入新的尺寸值。

9.7 方向盘

方向盘是修改直接建模模型的主要工具，方向盘可以对大多数类型的模型几何体进行移动或旋转。

9.7.1 显示方向盘

将光标定位于如图 9-24 所示的孔中心上，当它高亮显示时，单击选择，此时会显示【移动】工具条和手柄，此手柄称为方向盘，使用它可以与模型的面进行交互。

9.7.2 【移动】工具条概述

当使用方向盘对面或特征进行移动或旋转时，可以使用如图 9-25 所示【移动】工具条上的选项来控制选定几何元素的修改。

【移动】工具条上各选项说明如下：

● **移动** ：选择一个或多个草图元素或者模型面，或者选择一个特征，然后单击方向盘的主轴箭头开始移动它们。

● **相连面** ：指定在修改过程中与选择相连的面如何适应。

● **复制** ：复制所选对象，然后移走它。

● **拆离面** ：在移动过程中将面与模型拆离。

● **优先顺序** ：决定所选面相对其他模型面的行为。

● **关键点** ：控制模型中关键点的选择，来精确定位几何元素。

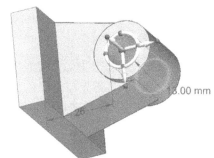

图 9-24　显示方向盘

图 9-25　【移动】工具条

9.7.3 方向盘概述

当想要移动或旋转所选 2D 和 3D 几何体的图形时，就可以使用方向盘来实现。在许多建模方案中，当选择元素时，仅会显示部分方向盘部件，此时单击原点把手就会显示所有方向盘部件，将光标附到原点上，就可以自由移动方向盘。方向盘如图 9-26 所示。

方向盘各部件说明如下：

● **工具平面 - ①**

1）鼠标左键：在工具平面内移动所选对象。

2）按住 <Shift> 键 + 单击鼠标左键：通过翻转轴方向来重新确定方向盘方向。

3）按住 <Ctrl> 键 + 按住鼠标左键并拖动：在工具平面中移动选择集的副本。

● **从方向 - ②**

1）按住鼠标左键并拖动：围绕垂直轴旋转所选对象。

2）单击鼠标左键、按住 <Shift> 键 + 单击鼠标左键、按住 <Ctrl> 键 + 单击鼠标左键：在保持

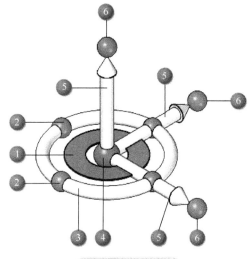

图 9-26　方向盘

垂直轴固定的情况下，更改工具平面上的轴。

3）按住 <Shift> 键 + 按住鼠标左键并拖动：通过在环面所在的平面中旋转轴来重新放置方向盘。

4）按住 <Ctrl> 键 + 按住鼠标左键并拖动：围绕垂直轴旋转所选对象的副本。

● 圆环 - ③

1）单击鼠标左键、按住鼠标左键并拖动：围绕垂直轴旋转所选对象。

2）按住 <Shift> 键 + 单击鼠标左键、按住 <Shift> 键 + 按住鼠标左键并拖动：通过在环面所在的平面中旋转轴来重新放置方向盘。

3）按住 <Ctrl> 键 + 单击鼠标左键、按住 <Ctrl> 键 + 按住鼠标左键并拖动：围绕垂直轴旋转所选对象的副本。

● 原点 - ④

1）单击鼠标左键、按住鼠标左键并拖动、按住 <Ctrl> 键 + 单击鼠标左键、按住 <Ctrl> 键 + 按住鼠标左键并拖动：重新定位方向盘原点。

2）按住 <Shift> 键 + 单击鼠标左键、按住 <Shift> 键 + 按住鼠标左键并拖动：通过使方向盘的方向保持不变，重新定位原点。

● 轴 - ⑤

1）单击鼠标左键、按住鼠标左键并拖动：沿着轴移动所选对象。

2）按住 <Shift> 键 + 单击鼠标左键、按住 <Shift> 键 + 按住鼠标左键并拖动：沿一个轴重新定位方向盘。

3）按住 <Ctrl> 键 + 单击鼠标左键、按住 <Ctrl> 键 + 按住鼠标左键并拖动：沿着轴移动选择集的副本。

● 轴旋钮 - ⑥

1）单击鼠标左键、按住鼠标左键并拖动：将轴方向更改为朝着选定的关键点。

2）按住 <Shift> 键 + 单击鼠标左键、按住 <Shift> 键 + 按住鼠标左键并拖动、按住 <Ctrl> 键 + 单击鼠标左键、按住 <Ctrl> 键 + 按住鼠标左键并拖动：通过围绕高亮显示的轴旋转来重新定位方向盘。

9.7.4　使用方向盘修改模型位置

选择如图 9-27 所示的圆柱面，此时【移动】工具条和方向盘会显示出来。在【设计意图】对话框中，取消勾选【对称】复选框，单击方向盘轴使其高亮显示。向上拖动时在动态输入框中输入数值，如输入"14"，按 <Enter> 键确定，完成如图 9-28 所示修改。

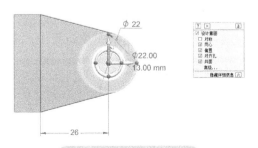

图 9-27　选择方向盘轴

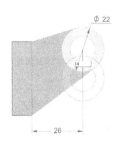

图 9-28　修改模型位置

9.8 直接建模应用

直接建模可以快速捕捉设计意图、快速进行设计变更和提高多 CAD 环境下的数据重用率，可以对异构 3D CAD 数据直接进行编辑修改。

9.8.1 零件设计变更

利用直接建模可以将图 9-29 所示模型快速进行设计变更为图 9-30 所示模型。

图 9-29　变更前

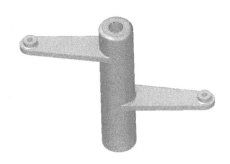

图 9-30　变更后

操作步骤

步骤 1　选择操作特征

在【视图】选项卡中选择【右视图】，用鼠标左键框选如图 9-31 所示高亮显示特征。

步骤 2　选择旋转中心

单击方向盘原点，将方向盘移动到顶部圆柱原点，如图 9-32 所示。

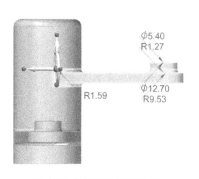

图 9-31　选择操作特征

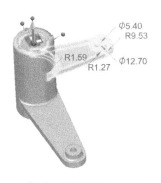

图 9-32　选择旋转中心

步骤 3　定义旋转角度

单击方向盘圆环，进行旋转，在动态编辑框中输入"90"，如图 9-33 所示。

步骤 4　删除特征

选择顶部圆柱内部特征，选择一个面后，按 <Shift> 键＋鼠标左键选择其余两个面，如图 9-34 所示，按 <Delete> 键进行删除即可。

图 9-33　定义旋转角度

图 9-34　删除特征

步骤 5　倒圆处理

在【特征】选项卡中选择【倒圆】，选择如图 9-35 所示顶部圆柱内部四个角进行倒圆处理，在倒圆动态编辑框中输入"6"，完成倒圆特征。

步骤 6　编辑直径

在【草图】选项卡中选择【智能尺寸】，对顶部圆柱内部进行 PMI 尺寸标注，单击尺寸后，在动态编辑框中输入"14"，如图 9-36 所示。

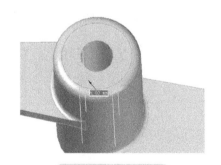

图 9-35　倒圆处理

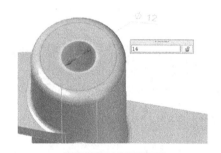

图 9-36　编辑直径

步骤 7　编辑距离

在【草图】选项卡中选择【智能尺寸】，对顶部圆柱与两个孔特征之间进行 PMI 尺寸标注，分别单击尺寸后，在动态编辑框中分别输入"80"和"60"，如图 9-37 所示。

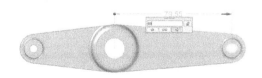

图 9-37　编辑距离

步骤 8　拉伸圆柱

单击圆柱特征底部平面，单击方向盘显示出来的轴，向下进行拖动，在动态编辑框中输入

"70"，完成如图 9-38 所示的模型。

步骤 9　移动距离

用鼠标左键框选另外一边特征，如图 9-39 所示，单击方向盘轴，选择向下进行拖动，在动态编辑框中输入"30"，完成零件的快速设计变更。

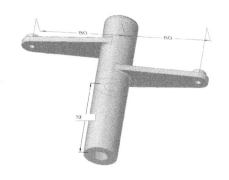

图 9-38　拉伸圆柱

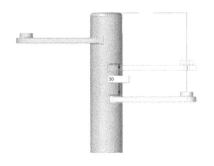

图 9-39　移动距离

9.8.2　2D 图纸视图创建模型草图

在直接建模环境下，使用工程图模块的【创建 3D】命令，可以根据草图创建新模型。以图 9-40 所示的草图为例，直接创建如图 9-41 所示的链接块三维模型。

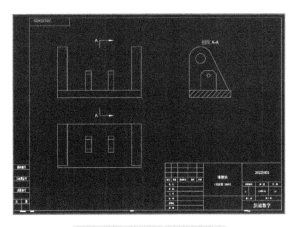

图 9-40　链接块二维工程图

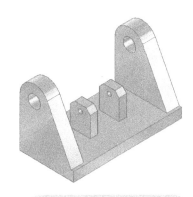

图 9-41　链接块三维模型

操作步骤

步骤 1　打开二维工程图

使用天工 CAD 2023 工程图模块直接打开 2D 图纸文件，如图 9-42 所示。

步骤 2　视图解块

选择正视图，单击鼠标右键，在右键菜单中选择【解块】对三视图进行解块处理，如图 9-43 所示。

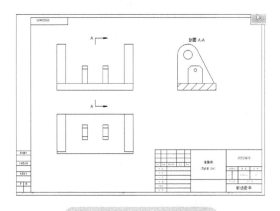

图 9-42　打开二维工程图　　　　　　图 9-43　视图解块

步骤 3　创建 3D

在【工具】选项卡中选择【创建 3D】，系统弹出如图 9-44 所示的【创建 3D】对话框，在【创建 3D】对话框中单击【选项】，系统弹出【创建 3D 选项】对话框，按照如图 9-45 所示完设置。

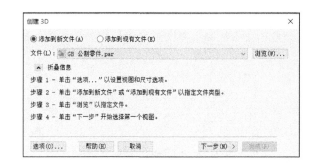

图 9-44　【创建 3D】对话框

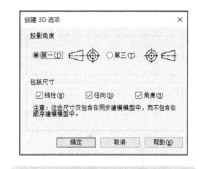

图 9-45　【创建 3D 选项】对话框

步骤 4　定义视图

完成设置后，单击【下一步】，开始选择第一个视图，用鼠标左键框选如图 9-46 所示的第一个视图，然后单击【下一步】完成当前视图选择并开始下一个视图选择，如图 9-47 所示，所有视图选择完成后单击【完成】将所有视图定义发送到 3D 模型。

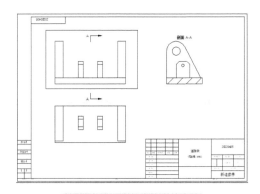

图 9-46　选择第一个视图

图 9-47　选择其他视图

步骤 5　移动草图

所有视图定义发送到 3D 模型后，隐藏基本参考平面和坐标轴。此时可以利用方向盘将顶部草图移动到下方和复制左侧视图，分别如图 9-48 和图 9-49 所示。

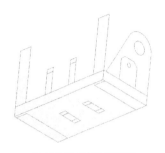

图 9-48　移动草图

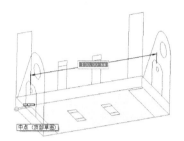

图 9-49　复制草图

步骤 6　生成实体

● 选择顶部草图区域，单击方向盘显示出来的轴，向上拖动捕捉至关键点生成拉伸实体，如图 9-50 所示。

● 选择顶部草图剩下的区域，单击方向盘显示出来的轴，向上拖动捕捉至关键点生成拉伸实体，如图 9-51 所示。

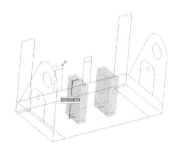

图 9-50　顶部草图拉伸距离（一）

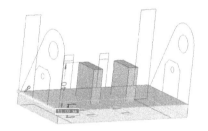

图 9-51　顶部草图拉伸距离（二）

● 分别选择左右两侧草图区域，单击方向盘显示出来的轴，分别拖动至捕捉的关键点生成拉伸实体，如图 9-52 和图 9-53 所示。

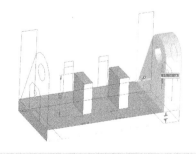

图 9-52　左右两侧草图拉伸距离（一）

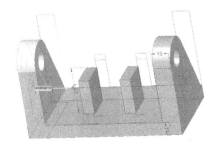

图 9-53　左右两侧草图拉伸距离（二）

● 单击左侧草图，显示出方向盘，按住 <Ctrl> 键，用鼠标左键单击轴，复制左侧草图到如图 9-54 所示右侧位置，选择除料的区域如图 9-55 所示，完成除料操作。

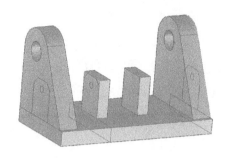

图 9-54　复制左侧草图

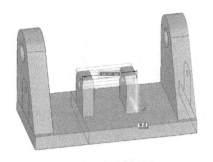

图 9-55　完成除料

9.8.3　装配体中修改零部件

将零部件"连接块"插入到"托盘叉车"装配体中，如图 9-56 所示，零部件无法与叉车完成装配，此时可以使用直接建模在装配体中对零件进行修改编辑。

操作步骤

步骤 1　使用【面优先】选择

在快速访问工具栏单击【选择】 ，在下拉菜单选项中单击【面优先】，如图 9-57 所示。

图 9-56　装配零部件

图 9-57　【面优先】选择

步骤 2　圆弧特征编辑修改

按住 <Shift> 键，用鼠标左键单击如图 9-58 所示零件"连接块"的圆弧面和孔面，这时方向盘会显示出来，在【设计意图】对话框中勾选【对称】复选框，单击方向盘向上轴进行拖动，捕捉到如图 9-59 所示零件的圆心，单击鼠标左键进行确认。单击孔面，将直径"15"改为"20"。

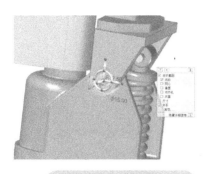

图 9-58　选择面域（一）

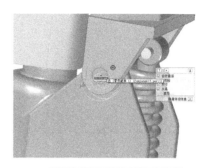

图 9-59　确定位置（一）

步骤 3　孔特征编辑修改

按住 <Shift> 键，用鼠标左键单击如图 9-60 所示零件"连接块"的里面特征，将方向盘原点放置在圆心上，单击方向盘轴进行拖动，捕捉到如图 9-61 所示零件的圆心，单击鼠标左键进行确认。单击孔面，将直径"5"改为"10"。

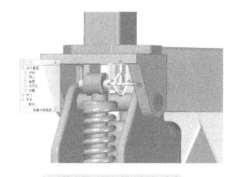

图 9-60　选择面域（二）

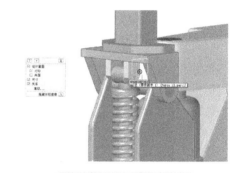

图 9-61　确定位置（二）

步骤 4　端面特征编辑修改

单击如图 9-62 所示零件"连接块"的端面，单击方向盘轴进行拖动，如图 9-63 所示，在动态编辑框中输入"6"，单击鼠标左键进行确认，完成零件"连接块"的编辑修改。

图 9-62　选择面域（三）

图 9-63　输入参数

第 10 章
装配设计
10

产品往往是由多个零件装配而成的，按照产品的结构要求，在装配环境下，对零件之间进行创建重合、同轴心、平面对齐等约束关系，通过多零件之间的装配可以得到一个完整的数字模型。本章主要内容包括装配环境与相关功能介绍、装配约束的基本概念、操作功能的介绍及案例设计。

10.1 装配概述

10.1.1 进入装配环境

进入天工 CAD 2023 设计软件的装配环境有以下两种方法：

1）启动天工 CAD 2023 设计软件后，单击【文件】，在【新建】中单击【GB 公制装配】选项，如图 10-1 所示，即可新建一个装配体文件，进入装配工作环境。

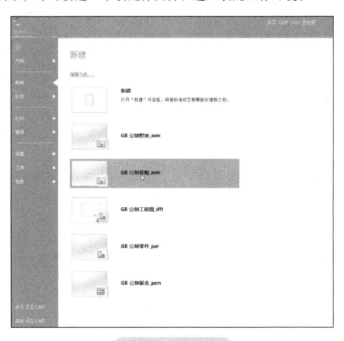

图 10-1 新建界面

2）启动天工 CAD 2023 设计软件后，单击【文件】，然后单击【新建】，系统弹出如图 10-2 所示的【新建】对话框，在对话框中选择一个标准的模板，如 GB 的装配体模板，单击【确定】，新建一个装配体文件，进入装配工作环境。

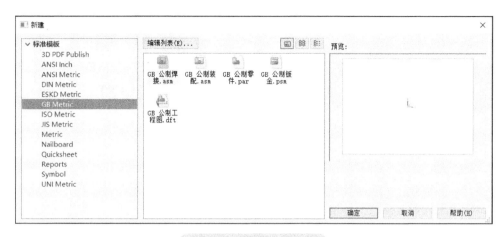

图 10-2 【新建】对话框

10.1.2　装配环境的工作界面

进入装配体设计环境以后，其工作界面如图 10-3 所示。从图中可看到有些按钮呈灰色，处于非激活状态，说明它们未处于有关的功能环境中，一旦进入便会自动激活。

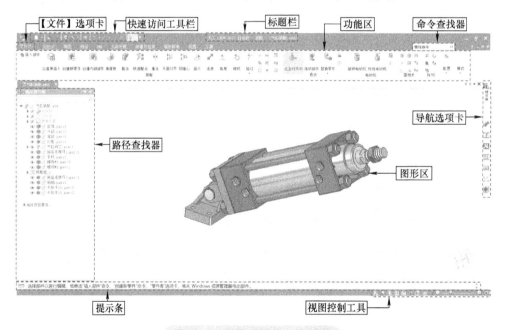

图 10-3　装配环境的工作界面

●【文件】选项卡：用于修改软件设置及新建、打开、保存文件，设置零件模型的相关属性等。

● 快速访问工具栏：快速新建、打开、保存、撤销、重做等操作。

● 标题栏：显示当前的软件版本以及当前窗口模型文件名称。

● 功能区：装配体设计所需的所有工具，并以选项卡的形式分类显示。用户可以根据需要自己定义各功能选项卡按钮，也可以自己创建新的选项卡，将常用的命令按钮放在自定义的功能选项卡中。

- **导航选项卡**：导航选项卡包括路径查找器、装配族等，可以自定义显示内容。
- **路径查找器**：显示装配体路径查找器，并可对零部件进行搜索查找。
- **图形区**：用于显示模型的 3D 图形或者关联的图形。
- **提示条**：显示当前操作的相关提示和消息。
- **命令查找器**：用于引导操作步骤和定义相关参数。
- **视图控制工具**：控制视图的平移、缩放、居中等常用工具。

10.2　装配约束关系

1. 快速装配

快速装配又称为智能装配，是一种智能化的装配工具，可简化操作过程。根据从放置和目标零件中选定的元素自动判断并应用重合、平面对齐、同轴心和连接等约束中最合适的约束类型。

2. 重合

重合约束将确保放置零件的选定面与之前已放置零件或装配中选定的面共面且面向该面。面与面之间可相互接触，可也偏置，如图 10-4 所示。

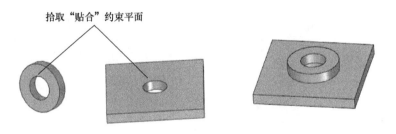

拾取"贴合"约束平面

图 10-4　重合约束前后

3. 平面对齐

平面对齐约束可以将装配中两个零件之间的面进行对齐。对齐的面之间保持相互平行，且朝向相同。面与面之间可以是共面关系，也可以是偏置关系，如图 10-5 所示。

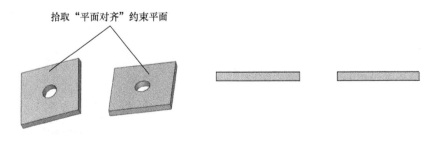

拾取"平面对齐"约束平面

图 10-5　平面对齐约束前后

4. 同轴心

同轴心约束用于对齐两个圆柱轴、对齐一个圆柱轴和一个线性元素或者两个线性元素，如图 10-6 所示。

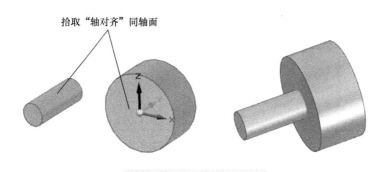

拾取"轴对齐"同轴面

图 10-6　同轴心约束前后

5. 插入

插入约束是重合面并将轴和其他零件对齐，等同于重合约束和同轴心约束的组合。可以使轴类零件放置到孔中或圆柱拉伸上，如图 10-7 所示。

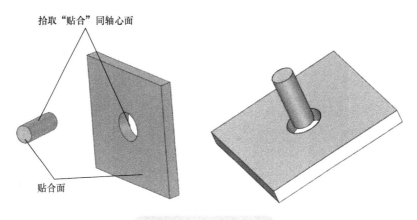

拾取"贴合"同轴心面

贴合面

图 10-7　插入约束前后

6. 连接

连接约束是将零件的一个关键点连接到另外一个零件的关键点或直线或面。它相对于关联的零件、子装配或顶层装配草图中的某一元素来定位零件，如图 10-8 所示。

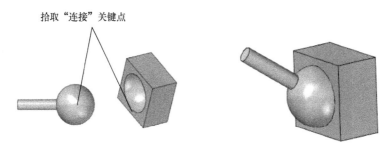

拾取"连接"关键点

图 10-8　连接约束前后

7. 角度

角度约束是创建两个零件的两个面或者两条边之间的角度关系，如图 10-9 所示。

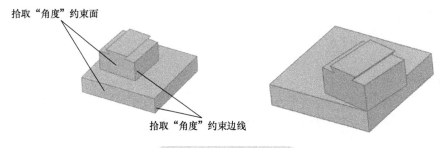

图 10-9　角度约束前后

8. 相切

相切约束是将一个零件与另外一个零件或平面相切，两个相切零件至少有一个是回转体。相切分为接触和偏移距离两种形式，如图 10-10 所示。

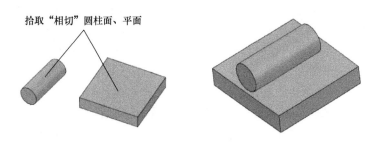

图 10-10　相切约束前后

9. 置中

置中约束是将某零件置于装配中两个选定元素的正中间，零件元素可以是平的面、边、关键点、轴或参考平面，如图 10-11 所示。

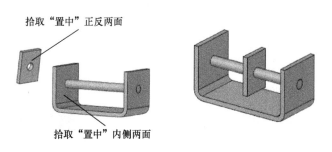

图 10-11　置中约束前后

10. 平行

平行约束可以定义两个装配元素之间的平行关系，使一个零件的轴或边缘平行于另外一个零件的轴或边缘或平面。

11. 固定

固定约束对装配体中所选定的零件应用固定关系，固定一个零件将确保它在指定的位置和方向上相对于装配保持固定，固定关系将自动应用于在装配中放置的第一个零件。

12. 锁定配合

锁定配合约束应用于两个或两个以上部件之间，并将它们固定，这样它们的相对位置总是保持不变。

13. 匹配坐标系

匹配坐标系约束是创建约束关系以匹配两个零件间的坐标系。该约束可将被放置零件的坐标系与装配中已有零件的坐标系相匹配。这会生成三个平面对齐关系，每个对齐关系均对应一个坐标系平面。

10.3 创建新装配模型过程

操作步骤

步骤 1　新建装配文件

单击【文件】→【新建】→【GB 公制装配】，新建一个装配体文件，进入装配环境，此时在图形区可以看到三个参考平面和坐标系。如果没有显示出来，可以在路径查找器上勾选【参考平面】和【坐标系】复选框，这样就可以把参考平面和坐标系显示出来。

步骤 2　装配第一个零件

● 在【装配】功能区单击【插入部件】，在图形区右侧会自动弹出【零件库】对话框，在对话框中选择设定"装配"文件夹的工作路径，如图 10-12 所示。

● 在【零件库】对话框中选择曲轴箱零件，按住鼠标左键将零件拖至图形区，在合适的位置松开鼠标左键进行放置，如图 10-13 所示。

图 10-12 【零件库】对话框

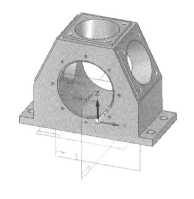

图 10-13　放置第一个零件

固定关系将自动应用于在装配中放置的第一个零件，它是构建装配其余部分的基础。 在零件库中双击装配体零件，零件也会自动放置在图形区。

步骤 3　装配第二个零件

在【零件库】对话框中选择端盖零件，按住鼠标左键将零件拖至图形区，在合适的位置松开鼠标左键进行放置，如图 10-14 所示。此时系统会弹出如图 10-15a 所示的【快速配合】工具条。

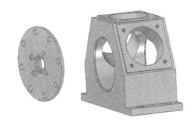

图 10-14　放置第二个零件

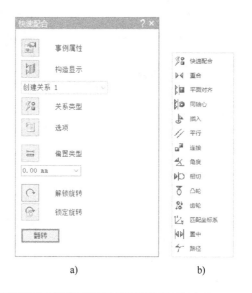

图 10-15　【快速配合】工具条和装配关系类型

【快速配合】工具条上各选项说明如下：

● **事例属性**：用于访问零件的【事例属性】对话框。
● **构造显示**：用于在装配体中放置零件或编辑零件时需要显示或隐藏的构造元素。
● **关系列表** 创建关系 1：用于显示事例的现有约束关系。
● **关系类型**：单击可显示装配关系类型。
● **选项**：用于显示【选项】对话框，方便根据装配零件需求选择零件放置选项。
● **偏置类型**：用于指定一个单独的值或者一系列值。

零件放置后可能会出现两个零件相距较远，或者方向及方位不方便装配，用户可以对零件进行拖动，将零件放置在合适的位置以方便装配。拖动零部件有如下方法：

方法 1：在【修改】功能区单击【选定时移动】，然后单击图形区放置的端盖零件，在端盖零件上会出现如图 10-16 所示的方向盘，控制方向盘即可对零件进行移动和旋转。

方法 2：在图形区单击端盖零件，系统会弹出快捷菜单，选择【编辑定义】，返回到装配环境，单击端盖零件，按住鼠标左键拖动，便可移动。按住 <Ctrl> 键并单击鼠标左键，可以对零件进行旋转操作。

方法 3：在【修改】功能区单击【拖动部件】，系统会弹出如图 10-17 所示的【分析选项】对话框，单击【确定】，系统弹出如图 10-18 所示的【拖动部件】工具条。

图 10-16　方向盘

图 10-17　【分析选项】对话框

在【拖动部件】工具条上,选择【移动】可将选取的零件沿 X 轴、Y 轴、Z 轴移动,选择【旋转】可将选取的零件绕 X 轴、Y 轴、Z 轴旋转,选择【自由移动】,将光标放在零件上,按住鼠标左键,可将选取的零件自由移动。

步骤 4　约束零件

利用【装配】功能区的【同轴心】和【重合】约束类型,对图 10-19a 所示的曲轴箱和端盖进行约束。

● 在【装配】功能区单击【同轴心】,操作如图 10-19b 所示。

● 在【装配】功能区单击【同轴心】,操作如图 10-19c 所示。

● 在【装配】功能区单击【重合】,选取端盖零件内平面,然后选取曲轴箱零件端面,操作如图 10-19d所示,完成两个零件的装配,结果如图 10-19e 所示。

图 10-18　【拖动部件】工具条

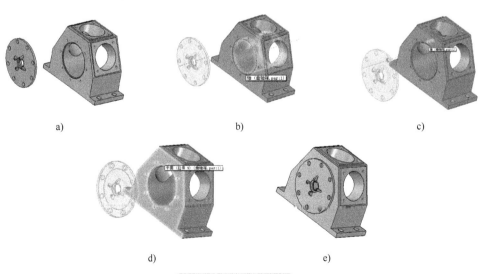

a)　　　　　　　　　　b)　　　　　　　　　　c)

d)　　　　　　　　e)

图 10-19　约束零件

装配体添加好约束关系后，在路径查找器上单击端盖零件，在图形区左下方会显示零件中存在的约束关系，端盖零件中存在的约束关系如图 10-20 所示。

🔷端盖.par:1
　‖◎曲轴箱.par:1　　（旋转已解锁）
　‖◎曲轴箱.par:1　　（旋转已解锁）
　▶◀曲轴箱.par:1　　（0.00 mm）　（V550）

图 10-20　端盖零件中存在的约束关系

10.4　复制零部件

如果在装配体中有相同的零部件，可以采用复制和粘贴的方式，对零件进行操作，不必重复插入零件的动作。

以复制端盖零件为例，单击端盖零件，在【工具】选项卡的【剪切板】功能区单击【复制】，再单击【粘贴】，复制出来的端盖零件会自动放置在图形区。然后重复约束零件操作，完成复制零件的装配。

复制操作也可以单击零件后，按 <Ctrl+C> 键进行复制，然后按 <Ctrl+V> 键进行粘贴。

10.5　阵列零部件

阵列零部件可以快速地将一个或多个零件或子装配复制到阵列排列中，也可以将现有零件阵列添加到新的零件阵列中。

10.5.1　零件的特征阵列

如图 10-21 所示的装配体中包含螺栓和端盖两个零件，现将螺栓与端盖的螺栓孔配合，然后对齐进行整理。

零件的特征阵列是需要参考端盖上八个阵列孔进行创建的，所以在装配体中使用【阵列】命令前，应提前在装配体中的某一个零件中创建好特征阵列所需的特征。

操作步骤

步骤 1　装配约束

在绘图区单击螺栓零件，使用【装配体】选项卡【装配】功能区的【同轴心】和【重合】这两种约束功能，将螺栓和端盖两个零件进行装配约束，完成如图 10-22 所示装配体。

步骤 2　零件阵列

在【装配体】选项卡的【阵列】功能区，单击【阵列】，系统会弹出【阵列】工具条，如图 10-23 所示。

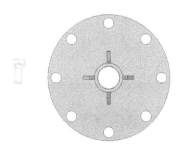

图 10-21　装配前

图 10-22　装配后

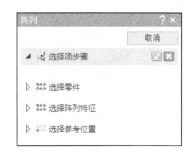

图 10-23　【阵列】工具条

步骤3　选择要阵列的零件

选取需要阵列的零件螺栓，然后单击工具条上的【接受】☑️。

步骤4　选择阵列特征

选择作为阵列特征的零件端盖，在下一步选取阵列中参考特征的位置，选择端盖中另外八个圆孔，在端盖零件的任意孔位置单击一次即可，如图10-24所示。

步骤5　选择参考特征位置

选择如图10-25所示的孔作为参考特征的位置，单击【完成】，结果如图10-26所示。

 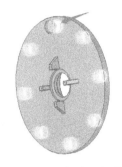 

图10-24　选择阵列特征　　　图10-25　选择参考特征位置　　　图10-26　零件特征

10.5.2　零件的圆形阵列

零件的圆形阵列是在装配体中用圆形草图来创建零件阵列。打开"圆形阵列"文件夹下的端盖装配体。

操作步骤

步骤1　绘制草图

在【草图】选项卡的【草图绘制】区域，单击【草图绘制】✏️，选择图10-27所示的平面为参考平面，单击【特征】区域的【圆形阵列】⚙️，绘制如图10-28所示的草图，在空白区域单击鼠标右键，弹出【圆形阵列】工具条，阵列类型选择【适合】，个数输入"4"，确定后，关闭草图，完成草图的创建。

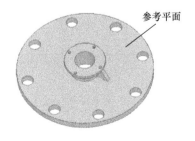

参考平面

图10-27　参考平面

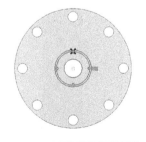

图10-28　完成的草图

步骤2　圆形阵列

在【装配体】选项卡的【阵列】区域，单击【阵列】⚙️，选取需要阵列的连块零件，单击工具条上的【接受】 ☑。然后在路径查找器中，选择 ▶ ◉ ✐ 草图绘制作为阵列的草图，再在绘图区选择如图 10-29 所示的阵列草图，单击【完成】，完成阵列的创建，如图 10-30 所示。

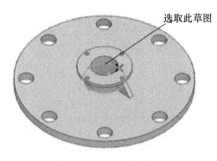

图 10-29　选择阵列草图　　　　　　　图 10-30　阵列后

10.6　镜像零部件

当需要装配的两个部件关于某个面对称时，用户只需将原有的部件进行镜像复制即可。以"镜像零部件"文件夹下的端盖和曲轴箱两个零件创建装配体，来展示镜像零部件的操作。

操作步骤

步骤 1　装配约束

从曲轴箱零件创建装配体，插入端盖零件，使用【装配体】选项卡【装配】区域的【同轴心】和【重合】这两种约束类型，将端盖和曲轴箱两个零件进行装配约束，如图 10-31 所示。

步骤 2　镜像零件

● 单击【装配体】选项卡【阵列】区域的【镜像部件】 🛢，系统弹出【镜像部件】工具条，如图 10-32 所示。选择端盖零件，单击工具条上的【接受】 ☑，然后选择 XZ 平面作为镜像平面。

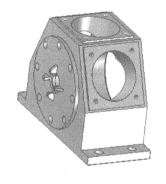

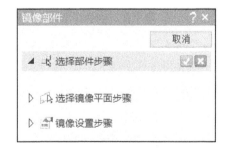

图 10-31　曲轴箱和端盖装配体　　　　图 10-32　【镜像部件】工具条

● 系统会弹出如图 10-33 所示的【镜像部件】对话框，单击【确定】，此时会返回到【镜像部件】工具条，单击【完成】，完成镜像特征的创建。

图 10-33 【镜像部件】对话框

【镜像部件】对话框中各选项说明如下：

1）部件：列出镜像部件。

2）操作：用于对部件执行指定操作，即旋转、镜像或排除。

● 旋转：将旋转可以旋转而不能镜像的对称部件。例如球体，它可以旋转，但是在镜像平面反面保持不变。

● 镜像：部件将插入装配副本中进行镜像，此时会在名称后面带有"_mir"后缀的新文档中创建镜像部件。

● 排除：部件将不包含在插入装配副本中。

3）调整：通过六个潜在位置来调整零件位置。

10.7　克隆零部件

将一个或多个零部件放置在装配体中的不同位置，它还会创建装配关系，这样重复放置部件时就不需要再进行手动操作。

操作步骤

步骤 1　装配约束

从板体零件创建装配体，插入支撑件零件，使用【装配体】选项卡【装配】区域的【同轴心】和【重合】这两种约束类型，将板体和支撑件两个零件进行装配约束，如图 10-34 所示。

步骤 2　零件克隆

单击【装配体】选项卡【阵列】区域的【克隆部件】，系统弹出【克隆部件】工具条，如图 10-35 所示。选择需要克隆的支撑件零件，单击工具条上的【接受】。

图 10-34　装配约束

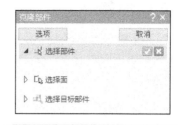

图 10-35　【克隆部件】工具条

步骤 3　选择面

用于定义要识别的参考几何体以放置克隆的事例，如图 10-36 所示，选择板体零件上四个定位圆孔的圆柱面作为参考几何体，单击工具条上的【接受】 。

步骤 4　选择目标部件

选择板体零件作为目标部件，单击工具条上的【接受】 ，如图 10-37 所示。

图 10-36　选择参考几何体

图 10-37　选择目标部件

步骤 5　【事例】工具条

单击克隆完成部件上的红点 ，出现如图 10-38 所示的【事例】工具条，使用工具条上的工具调整位置，完成如图 10-39 所示的装配体中零件的克隆。

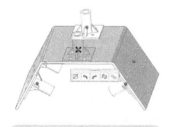

图 10-38　【事例】工具条

图 10-39　克隆部件

【事例】工具条中各工具说明如下：

● **保留 / 移除事例** ：保留或移除选定的事例。

● **上一方位** 和**下一方位** ：显示上一个或者下一个可能的方位。

● **翻转方位** ：显示翻转的方向。

● **克隆重叠** ：如果克隆事例的参考面与选定事例的参考面部分重叠，则移除克隆事例。

10.8 复制部件

【复制部件】命令可以将一个或多个装配部件复制到复制阵列中。复制零件的方向由选定部件的基本坐标系方向相对于目标部件的基本坐标系方向决定。

操作步骤

步骤1 零件复制

打开"复制部件"装配体文件，单击【装配体】选项卡【阵列】区域的【复制部件】，系统弹出【复制部件】工具条，如图10-40所示。

步骤2 选择要复制的部件

选取需要复制的部件角撑板零件，单击工具条上的【接受】。

步骤3 选择起始部件与目标部件

在绝大多数情况下，起始部件是与要复制的选定部件位置相对的部件。选择复制部件装配体中的正六棱柱作为起始部件，如图10-41所示。可以手动单个选择其他正六棱柱作为目标部件，也可以单击【选择所有匹配的事例】，再单击工具条上的【接受】，如图10-42所示。单击【完成】，完成装配体中零件的复制。

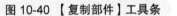

图10-40 【复制部件】工具条

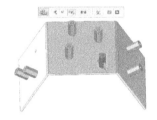

图10-41 选择起始部件

图10-42 选择目标部件

【克隆部件】命令与【复制部件】命令类似，区别在于：

● 复制部件】命令使用目标零件或目标坐标系定向装配部件，由此完成的放置在装配的路径查找器中分组为一个阵列。不创建或不使用关系。

●【克隆部件】命令使用现有关系来定向克隆部件。它还在克隆上重新创建这些关系。克隆的部件作为单个部件放置在装配路径查找器中，也可放置在装配组中。

10.9 爆炸视图

爆炸视图是将装配体中的各个零件沿直线或坐标轴移动，使之从装配体中分解出来。本节以图10-43所示的曲轴连杆装配体为例，展示装配体爆炸视图相关的操作。

10.9.1 自动爆炸视图

创建自动爆炸视图的操作步骤如下：

1）单击【工具】选项卡【环境】区域中的【ERA】，进入到 ERA 环境。

图10-43 曲轴连杆装配图

2）单击【爆炸】区域中的【自动爆炸】，此时系统会弹出如图 10-44 所示的工具条，在【选择】下拉列表中选择【顶层装配】选项，单击【接受】，系统会弹出如图 10-45 所示的工具条。

图 10-44　【自动爆炸】工具条（一）

图 10-45　【自动爆炸】工具条（二）

3）单击图 10-45 所示工具条上的【爆炸】按钮，系统会将已有的装配体自动生成爆炸图。曲轴连杆自动爆炸结果如图 10-46 所示。

图 10-46　曲轴连杆自动爆炸结果

10.9.2　手动爆炸视图

创建手动爆炸视图的操作步骤如下：

1）单击【工具】选项卡【环境】区域中的【ERA】，进入到 ERA 环境。

2）单击【爆炸】区域中的【爆炸】，系统弹出如图 10-47 所示的【爆炸】工具条。

3）选择要爆炸的零件活塞连杆，如图 10-48 所示，单击【接受】。

4）选择爆炸中保持静止的零件曲轴，如图 10-49 所示。

图 10-47　【爆炸】工具条

图 10-48　选择要爆炸的零件

图 10-49　选择保持静止的零件

5）选择爆炸中的静止零件面。单击曲轴零件上要静止的端面，如图 10-50 所示。

6）确定爆炸方向，选择爆炸方向，如图 10-51 所示，单击确定。这时系统会弹出如图 10-52 所示的【爆炸选项】对话框，在【爆炸方式】区域中选择【以部件为单位移动】选项，单击【确定】。

图 10-50　选择静止零件面

图 10-51　确定爆炸方向

7）确定移动距离。在【距离】文本框中输入"100"，单击【完成】，结果如图 10-53 所示。

8）重复上述操作对零件活塞、活塞连接杆 1、活塞连接杆 2 和活塞连接杆 3 分别进行手动爆炸。曲轴连杆手动爆炸结果如图 10-54 所示。

图 10-52　【爆炸选项】对话框

图 10-53　确定移动距离

图 10-54　曲轴连杆手动爆炸结果

10.9.3　爆炸视图的显示配置

【显示配置】命令在【主页】菜单的【配置】功能区内，如图 10-55 所示。当爆炸视图生成后，可以将爆炸的结果以显示配置的方式保存，以供需要时进行调用。操作方法如下：

1）在【配置】功能区中，单击【显示配置】 ，系统弹出【显示配置】对话框，如图 10-56 所示，这时可以在对话框中设置配置文件的名称，新建、更新或删除爆炸图。

2）在【配置】功能区中，选中一种爆炸结果，单击【应用】，这时爆炸结果就会显示出来。

图 10-55　【配置】功能区

图 10-56　【显示配置】对话框

10.10　更改装配体中零部件

完成装配体后，可以对装配体中任何零部件进行以下操作：

- 零部件的显示、隐藏、打开或删除。
- 零部件的尺寸修改。
- 零部件的装配配合修改（如距离配合中距离修改）。
- 零部件的装配关系修改。
- 零部件的材质外观修改。

完成上述操作一般要从路径查找器开始。

10.10.1　装配中的路径查找器

装配体中路径查找器分上、下两个窗格。上部窗格显示构成装配的零件、装配和草图，如图 10-57 所示；下部窗格显示用来定位所选零件或装配关系，如图 10-58 所示。

图 10-57　上部窗格

图 10-58　下部窗格

10.10.2 零部件的显示、隐藏、打开或删除

通过路径查找器可以对装配体中零件进行显示、隐藏、打开或删除操作。

在路径查找器中右击 ◉ ◍ ⏚ 曲轴连接件_2.par:1，系统弹出如图 10-59 所示的快捷菜单。然后可以单击【显示】【隐藏】【打开】或【删除】来实现对零部件的显示、隐藏、打开或删除操作。

零部件显示或隐藏也可以通过选择零部件前面的复选框来实现。在图 10-59 所示的快捷键菜单中单击【显示/隐藏部件】，系统弹出如图 10-60 所示的对话框，可以显示或隐藏零部件所有元素。

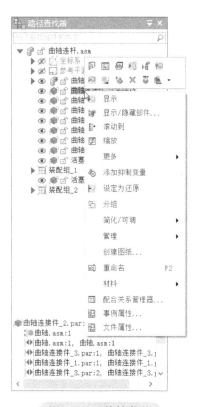

图 10-59 快捷菜单

图 10-60 【显示/隐藏部件】对话框

10.10.3 零部件的尺寸修改

在装配体设计环境中也可以对零件进行编辑，在曲轴连杆装配体中编辑活塞连接杆，操作步骤如下：

1）在路径查找器中右击 ◉ ◍ ⏚ 活塞连接杆.par:1，在快捷菜单中选择【编辑零件】▣后，进入到零件的编辑界面，如图 10-61 所示。

2）在路径查找器中右击"拉伸 1"特征，在快捷菜单中选择【动态编辑】▨，在绘图区中单击要修改的尺寸"60"，将其修改为"80"，如图 10-62 所示。修改完成后，单击【关闭】⊠，完成尺寸修改。

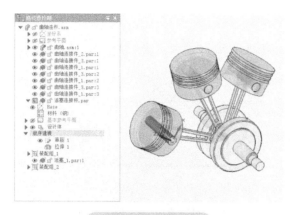

图 10-61　编辑界面

图 10-62　修改尺寸

10.10.4　零部件的装配配合修改

在装配体设计环境中对装配配合进行编辑修改，其操作步骤如下：

1）在路径查找器中单击 ，路径查找器下部窗格会显示该零部件所有装配信息，同时图形区中该零部件也会高亮显示，如图 10-63 所示。

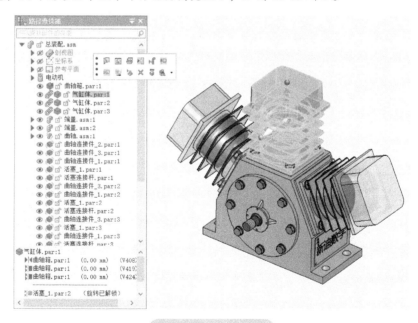

图 10-63　选择零件

2）在路径查找器下部窗格单击 ▶◀曲轴箱.par:1　(0.00 mm)　(V408)，选择【编辑定义】，系统弹出【重合】工具条，如图 10-64 所示。

3）在【重合】工具条的【偏置值】文本框中输入"50"，单击【确定】，即可完成对装配配合的编辑修改。

零部件的装配关系修改也按照上述同样方法进行修改即可。

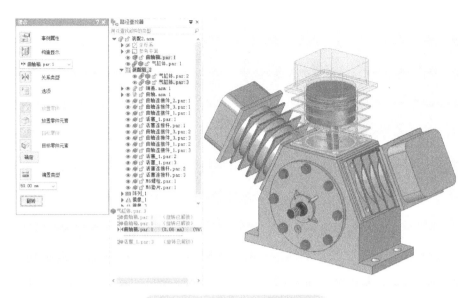

图 10-64 装配配合的编辑修改

10.10.5 零部件的材质外观修改

在装配体设计环境中对零部件的材质外观进行编辑修改，其操作步骤如下：

1）打开"装配"文件夹中的活塞数模装配体，在【视图】选项卡中单击【颜色管理器】，系统弹出如图 10-65 所示的【颜色管理器】对话框，勾选【显示并允许装配样式覆盖】复选框，单击【确定】。

2）在图形区单击任意气缸体零部件，将【视图】选项卡【样式】功能区的【面样式】默认为【使用零件样式】，如图 10-66 所示，【面样式】命令可在定制功能区中增加。

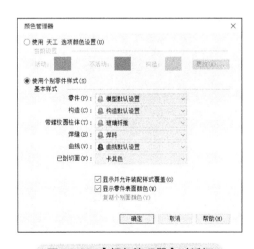

图 10-65 【颜色管理器】对话框

图 10-66 【样式】功能区

3）单击【面样式】下拉列表框，选择【白色（透）】，这时系统弹出【多个零件事例】对话框，单击【所有事例】按钮，则所有气缸体零部件的材质外观修改，如图 10-67 所示。

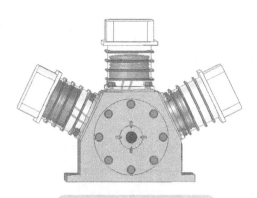

图 10-67 材质外观更改后

10.11 装配设计练习

下面以曲轴箱装配体为例练习装配体的设计。

操作步骤

步骤 1 新建装配体文件

单击【文件】→【新建】→【GB 公制装配】命令，建立一个装配体文件并保存，进入装配环境。

步骤 2 装配曲轴箱零件

● 单击【装配】区域中的【插入部件】 ，在图形区右侧会自动弹出【零件库】对话框，在对话框中选择设定装配的工作路径。

● 在【零件库】对话框中选择曲轴箱零件，按住鼠标左键将零件拖至图形区，如图 10-68 所示。

步骤 3 装配气缸体零件

● 选择【零件库】对话框中的气缸体零件，按住鼠标左键将零件拖至图形区，在合适的位置松开鼠标左键进行放置，结果如图 10-69 所示。

● 利用【装配】区域中的【同轴心】 和【重合】 ，对曲轴箱和气缸体零件添加约束，结果如图 10-70 所示。

● 单击【阵列】区域中的【克隆部件】，系统弹出【克隆部件】工具条。

图 10-68 放置曲轴箱零件

图 10-69 引入气缸体零件

图 10-70 气缸体装配

● 选择需要克隆的气缸体零件，单击工具条上的【接受】 ，如图 10-71 所示。

● 选择面。用于定义要识别的参考几何体以放置克隆的事例，如图 10-72 所示，选择四个定位圆孔为参考几何体，单击工具条上的【接受】 ☑️ 。

● 选择曲轴箱作为目标部件，单击工具条上的【接受】 ☑️ ，再单击工具条上的【完成】，如图 10-73 所示。

图 10-71　选择克隆零件

图 10-72　选择面

图 10-73　完成克隆部件

步骤 4　装配端盖零件

● 选择【零件库】对话框中的端盖零件，按住鼠标左键将零件拖至图形区，在合适的位置松开鼠标左键进行放置，结果如图 10-74 所示。

● 利用【装配】区域中的【同轴心】 🔩 和【重合】 🔩 ，对端盖和曲轴箱零件添加约束，结果如图 10-75 所示。

图 10-74　引入端盖零件

图 10-75　端盖装配

● 单击【阵列】区域中的【镜像部件】，系统弹出【镜像部件】工具条。

● 选择需要镜像的端盖零件，单击工具条上的【接受】 ☑️ ，如图 10-76 所示。

● 选择如图 10-77 所示的 XZ 平面（即前视图），系统会自动弹出【镜像部件】对话框，单击【确定】，此时会返回到【镜像部件】工具条，单击【完成】，完成镜像特征的创建，如图 10-78 所示。

图 10-76　选择镜像零件

图 10-77　选择镜像平面

图 10-78　完成镜像部件

步骤 5　装配曲轴零件

● 选择【零件库】对话框中的曲轴零件，按住鼠标左键将零件拖至图形区，在合适的位置松开鼠标左键进行放置，结果如图 10-79 所示。

● 利用【装配】区域中的【同轴心】▶◎和【置中】▶◀▶，对曲轴和气缸体零件添加约束，结果如图 10-80 所示。

图 10-79　引入曲轴零件

图 10-80　曲轴装配

步骤 6　装配曲轴连接器零件

● 为了方便设计体装配，单击装配结构树中曲轴箱和气缸体零件前面的 ◉ 取消选中，这样可以对零部件进行隐藏，结果如图 10-81 所示。

可以根据装配需要，对某些零件进行显示或隐藏操作，便于装配操作。

图 10-81　取消曲轴箱和气缸体的显示

● 选择【零件库】对话框中的曲轴连接器 2 零件，按住鼠标左键将零件拖至图形区，在合适的位置松开鼠标左键进行放置，结果如图 10-82 所示。

● 利用【装配】区域中的【同轴心】▶◎和【置中】▶◀▶，对曲轴和曲轴连接器 2 零件添加约束，结果如图 10-83 所示。

图 10-82　引入曲轴连接器 2 零件

图 10-83　曲轴连接器 2 装配

● 以同样的方式完成曲轴连接器 1 和曲轴连接器 3 两个零件的装配，分别如图 10-84 和图 10-85 所示。

图 10-84　曲轴连接器 1 装配

图 10-85　曲轴连接器 3 装配

步骤7 装配活塞与活塞连接杆零件

● 为了方便设计体装配，单击装配结构树中气缸体前面的⊗，这样可以将气缸体显示出来，结果如图10-86所示。

● 选择【零件库】对话框中的活塞1和活塞连接杆零件，按住鼠标左键将零件拖至图形区，在合适的位置松开鼠标左键进行放置，结果如图10-87所示。

图10-86 显示气缸体

图10-87 引入活塞1和活塞连接杆零件

● 利用【装配】区域中的【同轴心】⊩◎，分别对活塞1和气缸体、活塞1和曲轴连接器3添加约束进行装配，结果如图10-88所示。

● 利用【装配】区域中的【同轴心】⊩◎和【置中】⊩|，对活塞连接杆与曲轴连接器3添加约束进行装配，结果如图10-89所示。

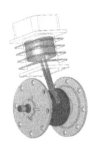

图10-88 活塞1装配

图10-89 活塞连接杆装配

● 重复上述步骤完成剩余装配，如图10-90所示。

步骤8 装配螺栓与垫片零件

● 选择【零件库】对话框中的M6螺栓和M6垫片零件，按住鼠标左键将零件拖至图形区，在合适的位置松开鼠标左键进行放置，结果如图10-91所示。

● 利用【装配】区域中的【同轴心】⊩◎和【重合】⊩|，对M6垫片和端盖、M6螺栓和M6垫片添加约束进行装配，结果如图10-92所示。

● 单击【装配体】选项卡【阵列】区域中的【阵列】▦，系统会弹出【阵列】工具条。选取需要阵列的零件M6螺栓和M6垫片，单击工具条上的【接受】☑，如图10-93所示。选取作为阵列特征的零件端盖，如图10-94所示。

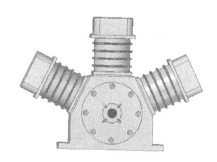

图10-90 装配约束

图 10-91 引入 M6 螺栓和 M6 垫片零件

图 10-92 M6 螺栓和 M6 垫片装配

图 10-93 选取阵列零件

图 10-94 选取阵列特征

● 单击端盖与 M6 螺栓装配的圆孔，如图 10-95 所示。

● 单击选取阵列中参考特征的位置端盖中任意一个圆孔，零件会自动生成阵列，单击【完成】，结果如图 10-96 所示。

图 10-95 单击阵列

图 10-96 完成阵列

步骤 9 镜像零件

● 单击【阵列】区域中的【镜像部件】，系统弹出【镜像部件】工具条。

● 选择需要镜像的部件 M6 螺栓和 M6 垫片，单击工具条上的【接受】✓，如图 10-97 所示。

● 选择如图 10-98 所示的 XZ 平面（即前视图）作为镜像平面。系统会自动弹出【镜像部件】对话框，单击【确定】，此时会返回到【镜像部件】工具条，单击【完成】，完成镜像特征的创建，如图 10-99 所示。

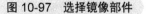

图 10-97　选择镜像部件　　　　图 10-98　选择镜像平面　　　　图 10-99　完成镜像

步骤 10　装配曲轴箱上的螺栓和垫片零件

● 选择【零件库】对话框中的 M6 螺栓和 M6 垫片零件，按住鼠标左键将零件拖至图形区，在合适的位置松开鼠标左键进行放置，结果如图 10-100 所示。

● 利用【装配】区域中的【同轴心】和【重合】，对 M6 垫片和曲轴箱、M6 螺栓和 M6 垫片添加约束进行装配，结果如图 10-101 所示。

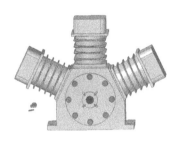

图 10-100　引入曲轴箱上的螺栓和垫片零件　　　　图 10-101　曲轴箱上的螺栓和垫片装配

● 单击【阵列】区域中的【克隆部件】，系统弹出【克隆部件】工具条。选择需要克隆的部件 M6 螺栓和 M6 垫片，单击工具条上的【接受】，如图 10-102 所示。

● 选择面。用于定义要识别的参考几何体以放置克隆的事例，如图 10-103 所示，选择定位圆孔为参考几何体，单击工具条上的【接受】。

● 选择三个气缸体作为目标部件，单击工具条上的【接受】，再单击工具条上的【完成】，如图 10-104 所示，这样完成整个装配体的装配设计，对文件进行保存。

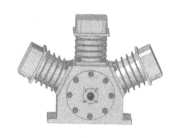

图 10-102　选择克隆零件　　　　图 10-103　选择面　　　　图 10-104　完成克隆部件

第 11 章

细分建模

近几年，在工业设计领域开始流行使用细分建模进行产品的原型设计。有时在产品的概念设计阶段，就需要复杂的几何形状，或者需要设计美观、具有艺术美感的产品。通过细分建模，读者不需要有非常专业的曲面建模技术，也可以自由地创建复杂的产品外形。天工 CAD 细分建模中的工具提供了先进的形状创建、操控和分析功能。创建基本形状后，通过对框架进行连续操控和细分，可以添加更多细节和控制级别，直至得到所需的形状。本章主要内容包括细分建模基本概念及细分建模过程中可以使用的特征命令。

11.1 细分建模概述

11.1.1 进入细分建模环境

平衡 - 天工 CAD 默认主题如果没有显示【细分建模】，可通过定义功能区将其显示在【曲面】选项卡中，定制方法如下：

1）在选项卡的右方空白区域单击鼠标右键，选择【定制功能区】，如图 11-1 所示。

图 11-1 定制功能区

2）在【定制】对话框左侧的【功能区】下方展开【曲面处理】选项卡，选中【自由形式】，然后选中右侧的【曲面】选项卡，单击【添加】，添加完成后，关闭【定制】对话框，保存新主题。

3）切换到【曲面】选项卡，可以看到【细分建模】已经添加成功，如图 11-2 所示。

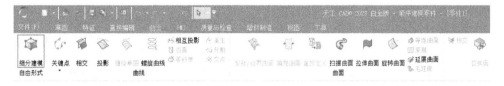

图 11-2 【细分建模】命令

11.1.2 细分建模的工作界面

单击【细分建模】 进入到细分建模环境中，细分建模的工作界面如图 11-3 所示。

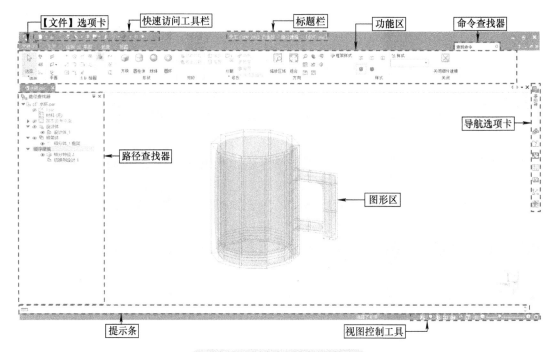

图 11-3　细分建模的工作界面

11.1.3　细分建模的基本概念

　　天工 CAD 细分建模中提供了 4 个基本形状，分别为方块、圆柱体、球体和圆环，通过 4 个基本形状以及细分建模环境中的对称和修改工具可以创建细分体模型。在使用细分建模之前，读者需先理解两个基本概念，即细分体和细分体框架。

　　● 细分体：细分体并非真正意义上的实体，其性质是曲面，细分体是被包含在细分体框架中的，细分体的自身是不能进行操作和编辑的，想要改变细分体的形状，只能通过细分体框架实现，如图 11-4 所示。

　　● 细分体框架：细分体框架是用来控制细分体形状的可被选取框。如图 11-5 所示，细分体框架分为框架顶点、框架边和框架面。且其顶点、边和面都是可以进行操作和编辑的，以此来改变细分体的形状。框架是假想的，实际并不存在，仅在天工 CAD 的细分建模环境中显示，退出细分建模环境后，细分体框架是不存在且不显示的。

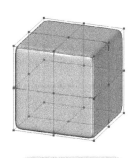

图 11-4　细分体

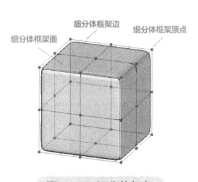

图 11-5　细分体框架

11.2 细分建模特征命令

11.2.1 创建基本形状

基本形状是细分体模型的基础，所有的细分体模型初始都是基于这 4 个基本形状，然后使用天工 CAD 中提供的方向盘和修改工具不断细分，修改其形状，直至得到所需的模型形状。

按以下过程学习创建细分体基本形状的操作方法：

1. 创建方块

1）在【主页】选项卡的【形状】功能区单击【方块】 ，系统弹出【方块】工具条，方块的创建类型选择【在原点】，【X 段数】【Y 段数】和【Z 段数】文本框中均输入 "2"，单击【平滑】 ，如图 11-6 所示。

2）方块框架的边长分别输入 "100"，角度输入 "0"，如图 11-7 所示。在图形区域的空白处单击鼠标右键，完成方块的创建。

图 11-6 【方块】工具条

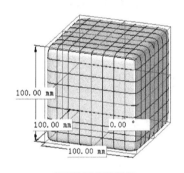

图 11-7 方块

2. 创建圆柱体

1）在【主页】选项卡的【形状】功能区单击【圆柱体】 ，系统弹出【圆柱体】工具条，圆柱体的创建类型选择【在原点】，【侧边段】文本框中输入 "2"，【基本段】文本框中输入 "4"，单击【平滑】 ，如图 11-8 所示。

2）圆柱体框架的半径输入 "50"，高度输入 "100"，角度输入 "0"，如图 11-9 所示。在图形区域的空白处单击鼠标右键，完成圆柱体的创建。

图 11-8 【圆柱体】工具条

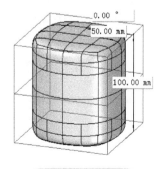

图 11-9 圆柱体

3. 创建球体

1）在【主页】选项卡的【形状】功能区单击【球体】◉，系统弹出【球体】工具条，球体的创建类型选择【在原点】，【层】文本框中输入"2"，如图11-10所示。

2）球体框架的直径输入"100"，角度输入"0"，如图11-11所示。在图形区域的空白处单击鼠标右键，完成球体的创建。

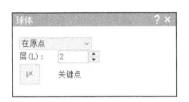

图11-10 【球体】工具条

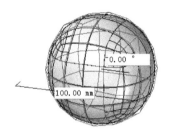

图11-11 球体

4. 创建圆环

1）在【主页】选项卡的【形状】功能区单击【圆环】◉，系统弹出【圆环】工具条，圆环的创建类型选择【在原点】，【外径段】文本框中输入"8"，【内径段】文本框中输入"4"，如图11-12所示。

2）圆环框架的直径输入"50"，环的框架半径输入"15"，两个角度分别输入"0"，如图11-13所示，在图形区域的空白处单击鼠标右键，完成圆环的创建。

图11-12 【圆环】工具条

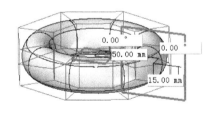

图11-13 圆环

以上为4种基本形状的创建方法，在创建方块和圆柱体时，读者也可以根据实际情况，不激活平滑效果，当选择不激活平滑效果时，创建的方块和圆柱体分别如图11-14和图11-15所示。

图11-14 方块（不激活平滑效果）

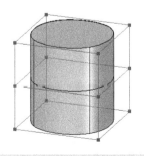

图11-15 圆柱体（不激活平滑效果）

11.2.2　启动对称与停止对称

当需要对模型进行对称设计时，可以使用【启动对称】命令，提高设计效率。当不需要对称设计时，可以使用【停止对称】命令，退出对称设计。

按以下过程学习启动对称和停止对称的操作方法：

1）在【主页】选项卡的【形状】功能区单击【方块】，系统弹出【方块】工具条，方块的创建类型选择【在原点】，【X 段数】【Y 段数】和【Z 段数】文本框中均输入"3"，不激活平滑效果，如图 11-16 所示。

2）方块框架的边长分别输入"100"，角度输入"0"，如图 11-17 所示。在图形区域的空白处单击鼠标右键，完成方块的创建。

图 11-16　【方块】工具条

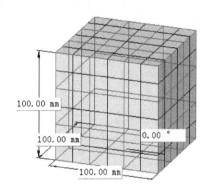

图 11-17　创建方块

3）在【主页】选项卡的【对称】功能区单击【启动对称】。单击右视图（YZ）平面作为对称平面，如图 11-18 所示。此时模型具有细分体框架的一侧可编辑，另一侧会同步变化，单击白色箭头可切换编辑方向，如图 11-19 所示。

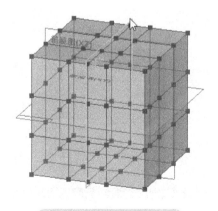

图 11-18　选择对称平面

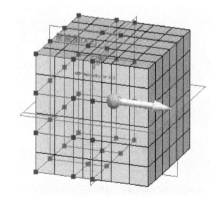

图 11-19　切换编辑方向

4）在图形区域的空白处单击鼠标右键，开始进行对称设计。

5）对称设计完成后，在【主页】选项卡的【对称】功能区单击【停止对称】，退出对称设计。

11.2.3 缩放

【缩放】命令用于将选择的对象放大或缩小，缩放的对象可以是细分体框架的边或面，操作方法如下：

1）打开11-2-3.par，在图形区域单击选中细分特征1，单击【编辑定义】，如图11-20所示。

2）在【主页】选项卡的【修改】功能区单击【缩放】，在【缩放】工具条中激活【3轴缩放】和【均匀】，如图11-21所示。

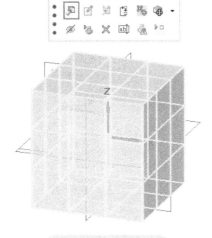

图 11-20　编辑定义

图 11-21　【缩放】工具条

3）在方块模型表面选择如图11-22所示的3个框架面。

4）单击工具条上的【重定中心】，将缩放中心移动到如图11-23所示的位置。

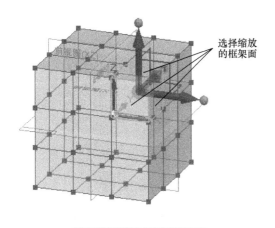

图 11-22　选择缩放对象

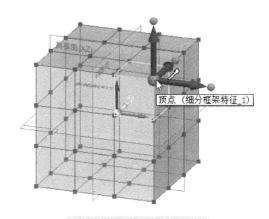

图 11-23　移动缩放中心

5）单击任意一条缩放轴，缩放值输入"0.8"，如图11-24所示。

6）在图形区域的空白处单击鼠标右键，完成缩放。

以上为【缩放】命令的基本操作方法，【3 轴缩放】【平面缩放】和【线性缩放】最主要的区别是缩放方向的数量不同，【3 轴缩放】可沿 3 个方向缩放选择的对象，【平面缩放】可沿 2 个方向进行缩放，【线性缩放】仅支持 1 个方向。使用【3 轴缩放】和【平面缩放】，且激活了【缩放】工具条上的【均匀】时，每个缩放方向上缩放值大小相同，可均匀地缩放所选择的对象，关闭【均匀】时，可为每个缩放方向设置不同的缩放值，以更改模型的形状。

11.2.4 倒圆

【倒圆】命令用于将细分模型的硬边锐化或平滑，操作方法如下：

图 11-24 输入缩放值

1）打开 11-2-4.par，在图形区域单击选中细分特征 1，单击【编辑定义】 。

2）在【主页】选项卡的【修改】功能区单击【倒圆】 ，框选整个方块，为所有边线倒圆，倒圆值大小选择 "1"，如图 11-25 所示。

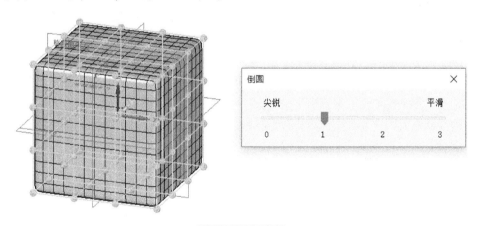

图 11-25 倒圆

3）在图形区域的空白处单击鼠标右键，完成倒圆。

倒圆完成后，在图形区域的空白处单击鼠标右键，选择【显示倒圆值】，如图 11-26 所示，可在模型上显示所有圆角大小。

11.2.5 分割

【分割】命令用于分割现有的框架面，从而更加精确地控制细分体模型形状。操作方法如下：

1）打开 11-2-5.par，在图形区域单击选中细分特征 1，单击【编辑定义】 。

2）在【主页】选项卡的【修改】功能区单击【分割】 ，分割对象的选择方式选择【单一】，如图 11-27 所示。选择如图 11-28所示的分割对象，数目输入 "2"。

图 11-26 显示倒圆值

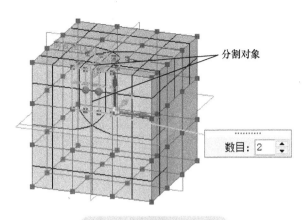

图 11-28　选择分割对象

图 11-27　【分割】工具条

3）在图形区域的空白处单击鼠标右键，完成分割。

11.2.6　用偏置分割

【用偏置分割】命令用于将细分体框架边线向内偏置用户指定的值来分割框架面，从而更加精确地控制细分体模型形状。操作方法如下：

1）打开 11-2-6.par，在图形区域单击选中细分特征 1，单击【编辑定义】 。

2）在【主页】选项卡的【修改】功能区单击【用偏置分割】 ，选择如图 11-29 所示的分割对象，偏置大小输入"0.5"。

3）在图形区域的空白处单击鼠标右键，完成用偏置分割。

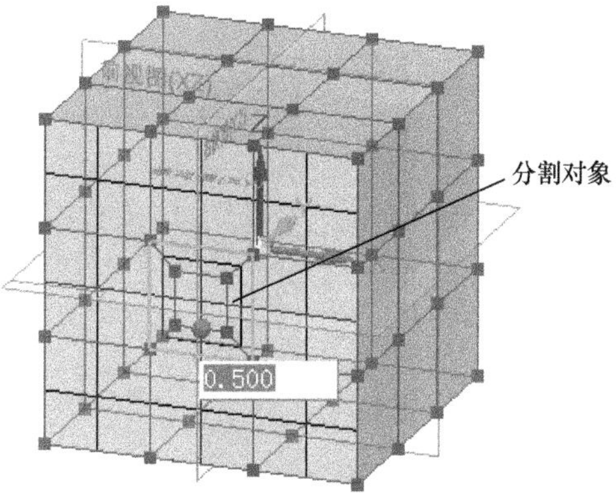

图 11-29　选择偏置分割对象

11.2.7　填充

【填充】命令用于填充细分模型中的缺失面。操作方法如下：

1）打开 11-2-7.par，在图形区域单击选中细分特征 1，单击【编辑定义】 。

2）在【主页】选项卡的【修改】功能区单击【填充】 ，选择缺失面的细分体框架边线，如图 11-30 所示。

3）在图形区域的空白处单击鼠标右键，完成填充。

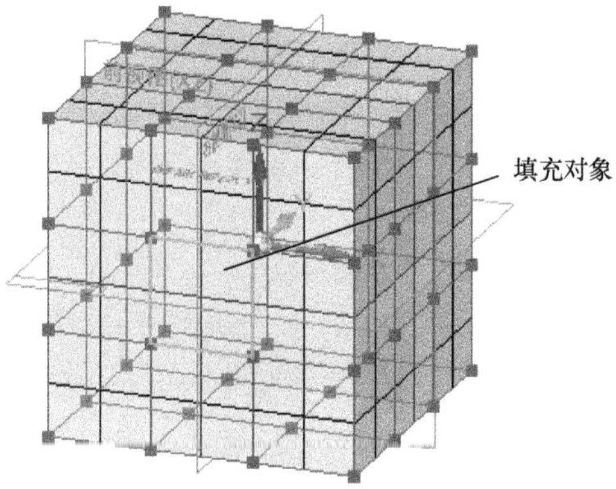

11.2.8　桥接

图 11-30　选择缺失面的细分体框架边线

【桥接】命令用于在选择的细分体框架边之间创建桥接，也可以通过定义曲线来控制桥接的形状。操作方法如下：

1）打开 11-2-8.par，在图形区域单击选中细分特征 1，单击【编辑定义】🖉。

2）在【主页】选项卡的【修改】功能区单击【桥接】🗂，选择如图 11-31 所示的起始截面，在图形区域的空白处单击鼠标右键，接受。

3）选择如图 11-32 所示的终止截面，激活【桥接】工具条上的【形状曲线】🖦，【段数】文本框中输入"3"，如图 11-33 所示。

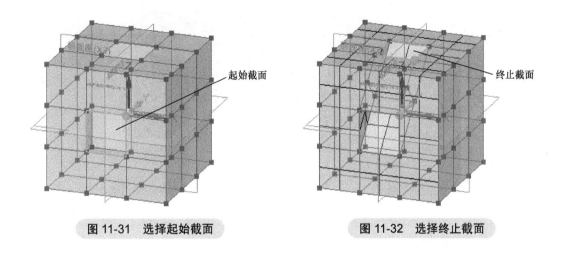

图 11-31　选择起始截面　　　　　　　　　图 11-32　选择终止截面

4）选择如图 11-34 所示的两条细分体框架边线作为形状曲线，在图形区域的空白处单击鼠标右键，接受。

图 11-33　激活【形状曲线】

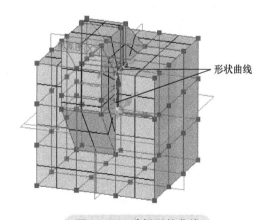

图 11-34　选择形状曲线

11.2.9　偏置

【偏置】命令用于按指定值移动或提升选定框架面，常用于添加一组不共面的面。操作方法如下：

1）打开 11-2-9.par，在图形区域单击选中细分特征 1，单击【编辑定义】🖉。

2）在【主页】选项卡的【修改】功能区单击【偏置】 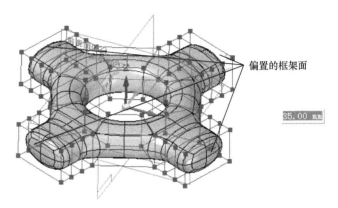，相连面选择【提升】 ，【段数】文本框中输入"3"，如图 11-35 所示。

3）选择如图 11-36 所示的框架面，偏置距离输入"35"。在图形区域的空白处单击鼠标右键，完成偏置。

图 11-35 【偏置】工具条

偏置的框架面

35.00 鼠标

图 11-36 选择偏置的框架面

11.2.10 对齐至曲线

【对齐至曲线】命令用于将曲线的曲率匹配到所选择的框架顶点上，使模型更加平滑，曲线可以使用草图中绘制的样条曲线。操作方法如下：

1）打开 11-2-10.par，在图形区域单击选中细分特征 1，单击【编辑定义】 。

2）在【主页】选项卡的【修改】功能区单击【对齐至曲线】 ，系统弹出【对齐至曲线】工具条，如图 11-37 所示。选择方块顶面所有的细分体框架顶点，如图 11-38 所示。然后在图形区域的空白处单击鼠标右键，接受。

图 11-37 【对齐至曲线】工具条

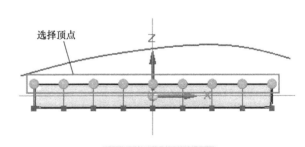

选择顶点

图 11-38 选择顶点

3）如图 11-39 所示，选择 Z 轴作为对齐方向，然后在图形区域的空白处单击鼠标右键，接受。

4）如图 11-40 所示，选择草图 1 中的曲线作为对齐曲线，然后在图形区域的空白处单击鼠标右键，接受，完成对齐。

为了获得更可预测的结果，需要使用正交视图定义形状，将顶点与同一视图平面中的草图曲线对齐。

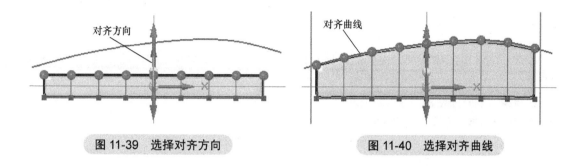

图 11-39　选择对齐方向　　　　　图 11-40　选择对齐曲线

第 12 章

设计案例

本章以气缸装配体为例，根据图样尺寸设计零件建模、装配与工程出图，从而熟悉天工 CAD 2023 设计软件的操作与建模思路。

1. 建模实例——活塞

使用如图 12-1 所示的尺寸建立活塞零件。

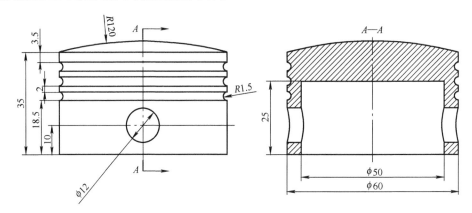

图 12-1　活塞尺寸信息

2. 建模实例——曲轴连杆

使用如图 12-2 所示的尺寸建立曲轴连杆零件。

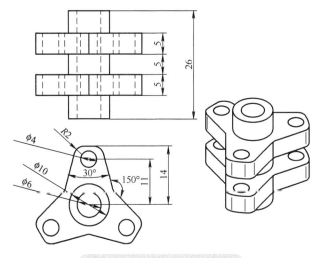

图 12-2　曲轴连杆尺寸信息

3. 建模实例——活塞连杆

使用如图 12-3 所示的尺寸建立活塞连杆零件。

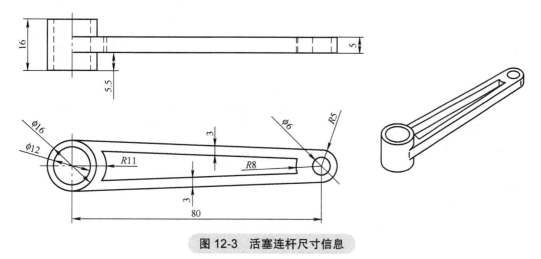

图 12-3　活塞连杆尺寸信息

4. 建模实例——曲轴件

使用如图 12-4 所示的尺寸建立曲轴件零件。

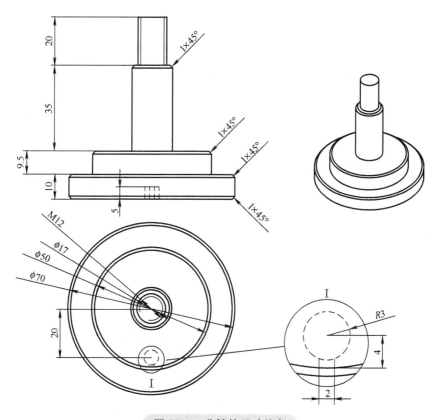

图 12-4　曲轴件尺寸信息

5. 建模实例——活塞轴

使用如图 12-5 所示的尺寸建立活塞轴零件。

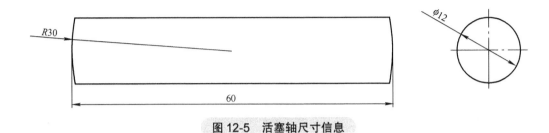

图 12-5　活塞轴尺寸信息

6. 建模实例——端盖轴套

使用如图 12-6 所示的尺寸建立端盖轴套零件。

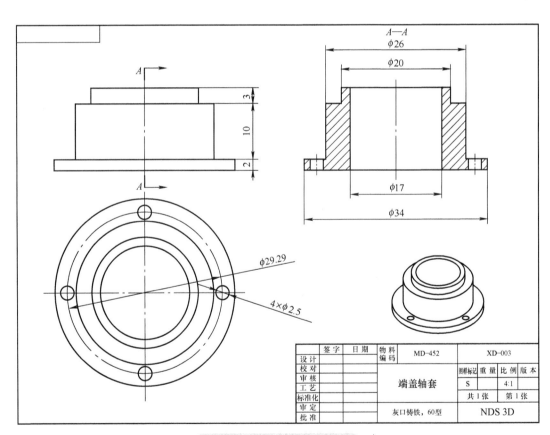

图 12-6　端盖轴套尺寸信息

7. 建模实例——端盖参照

使用如图 12-7 所示的尺寸建立如图 12-8 所示的端盖参照零件。

8. 建模实例——曲轴箱

使用如图 12-9 所示的尺寸建立曲轴箱零件。

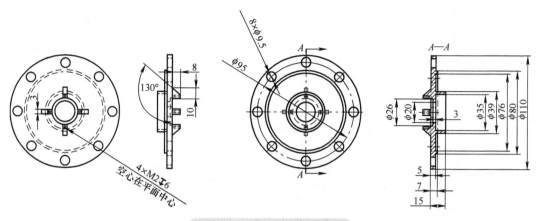

图 12-7　端盖参照尺寸信息

图 12-8　端盖参照零件

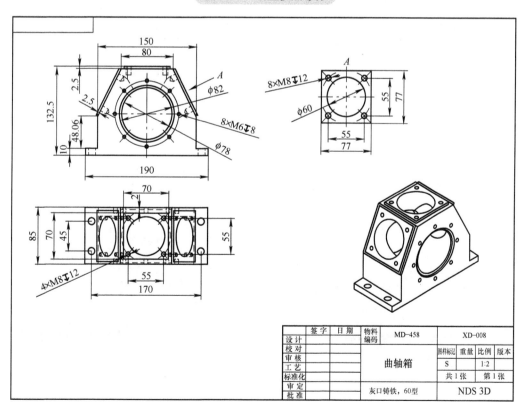

图 12-9　曲轴箱尺寸信息

9. 建模实例——气缸体

使用如图 12-10 所示的尺寸建立气缸体零件。

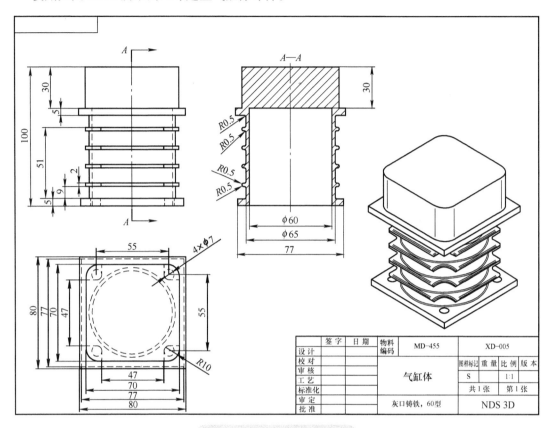

	签字	日期	物料编码	MD-455	XD-005			
设计								
校对					图样标记	重量	比例	版本
审核				气缸体	S		1:1	
工艺								
标准化					共1张		第1张	
审定			灰口铸铁, 60型		NDS 3D			
批准								

图 12-10 气缸体尺寸信息

10. 装配实例——气缸装配体

参考如图 12-11~ 图 12-13 所示的装配图和爆炸视图对零件进行装配，并对装配体和零件添加如图 12-14 所示的物料属性。

图 12-11 气缸装配体

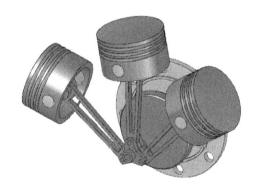

图 12-12 装配体内部

图 12-13 爆炸视图

图 12-14 【属性管理器】对话框

11. 工程图——端盖参照

制作端盖参照工程图，如图 12-15 所示。

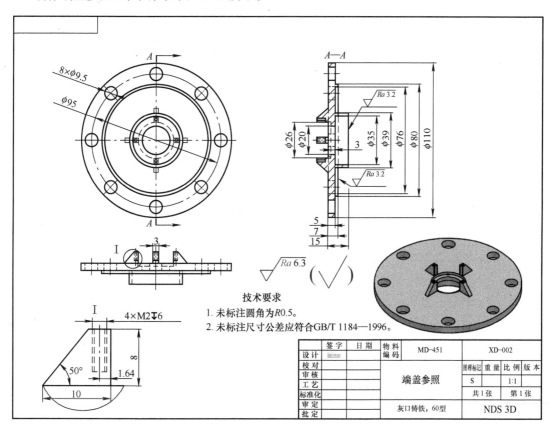

图 12-15 端盖参照工程图

12. 工程图——气缸装配体

制作气缸装配体工程图，如图 12-16 所示。

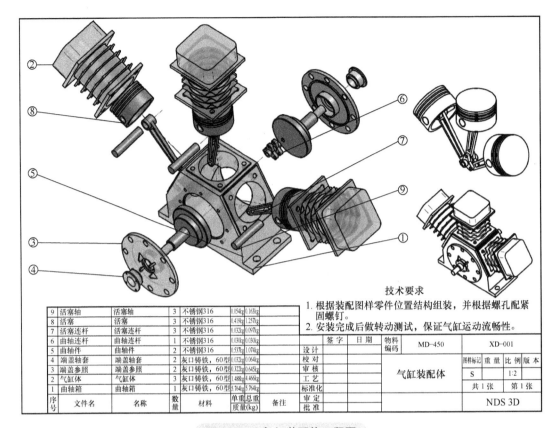

9	活塞轴	活塞轴	3	不锈钢316	0.054kg	0.163kg							
8	活塞	活塞	3	不锈钢316	0.419kg	1.257kg							
7	活塞连杆	活塞连杆	3	不锈钢316	0.032kg	0.097kg							
6	曲轴连杆	曲轴连杆	1	不锈钢316	0.030kg	0.030kg							
5	曲轴件	曲轴件	2	不锈钢316	0.557kg	1.074kg							
4	端盖轴套	端盖轴套	2	灰口铸铁，60型	0.032kg	0.064kg							
3	端盖参照	端盖参照	2	灰口铸铁，60型	0.322kg	0.645kg							
2	气缸体	气缸体	3	灰口铸铁，60型	1.488kg	4.466kg							
1	曲轴箱	曲轴箱	1	灰口铸铁，60型	5.764kg	5.764kg							
序号	文件名	名称	数量	材料	单重 质量(kg)	总重	备注						

技术要求

1. 根据装配图样零件位置结构组装，并根据螺孔配紧固螺钉。
2. 安装完成后做转动测试，保证气缸运动流畅性。

	签字	日期	物料编码		MD-450		XD-001	
设计								
校对							图样标记	重量	比例	版本
审核			气缸装配体				S		1:2	
工艺							共1张		第1张	
标准化										
审定				NDS 3D						
批准										

图 12-16　气缸装配体工程图